人生没有
白走的路，
每一步都算数

南海出版公司

2019·海口

图书在版编目（CIP）数据

人生没有白走的路，每一步都算数 / 刘馨微编著. -- 海口：南海出版公司，2019.12（2021.4 重印）
ISBN 978-7-5442-9608-3

Ⅰ. ①人… Ⅱ. ①刘… Ⅲ. ①成功心理-通俗读物 Ⅳ. ①B848.4-49

中国版本图书馆 CIP 数据核字（2019）第 085325 号

RENSHENG MEIYOU BAI ZOU DE LU, MEI YI BU DOU SUANSHU
人生没有白走的路，每一步都算数

编　　著	刘馨微
责任编辑	余　靖
美术设计	松雪图文
出版发行	南海出版公司　电话：（0898）66568511（出版）　（0898）65350227（发行）
社　　址	海南省海口市海秀中路51号星华大厦五楼　邮编：570206
电子邮箱	nhpublishing@163.com
经　　销	新华书店
印　　刷	三河市众誉天成印务有限公司
开　　本	880 毫米×1270 毫米　1/32
印　　张	5
字　　数	110 千
版　　次	2019 年 12 月第 1 版　2021 年 4 月第 4 次印刷
书　　号	ISBN 978-7-5442-9608-3
定　　价	36.00 元

南海版图书　版权所有　盗版必究

前言

"天将降大任于斯人也,必先苦其心志,劳其筋骨,饿其体肤,空乏其身,行拂乱其所为,所以动心忍性,曾益其所不能。 人恒过,然后能改;困于心,衡于虑,而后作;证于色,发于声,而后喻。"你20多岁时的选择,会写在你40岁的脸上和你脱口而出的每一句话中。 你选择了怎样的人生态度和人生历程,会决定你以后的气质容貌,会决定你一生是个怎样的人。

20岁到30岁正是青春迷茫之际,好多人对人生处世还显得稚嫩,缺乏处世经验与方法。 人生不可能一帆风顺,失败和挫折其实一点都不可怕,正是有了这些才使得我们得到了经验和教训,才让我们成长。 如果人生一路顺利,那也许我们只会成为平庸的人。 虽然你可能会遭受精神上的压力、生活上的刺痛,但人生就是一次又一次的蜕变,唯有经历各种各样的折磨,才能历练出成熟与美丽,抹平这些生活的尖刺,才能让我们的心灵回归平静。 "经一番挫折,长一番见识;容一番横逆,增一番气度。"当今社会无处不存在竞争，那些成功的人都是通过竞争脱颖而出，不单单是受他人的帮助，更是对手的鞭策让他们走得更为长远。 正是他们，使我们变得更加勇敢、坚强和强大。

有些道理现在不懂，等你想懂的时候就晚了！20 岁到 30 岁，是人生最重要的十年，我们应该做些什么，清楚明白些什么呢？ 我们有没有自己清晰的目标并为之奋斗？ 有没有做好学习规划、职业规划、生命规划？ 我想做什么、能做什么、怎样做到？ 本书通过深入浅出的方式，甄选最经典的励志故事，剖析最实用的人生哲理，从心态、生活、事业、工作、爱情、亲情、交际、财富、竞争等方面详细阐述了年轻人成长的道理，帮助你实现丰富的人生理想。 把这十年过好了，你的人生就赢了。

2019 年 4 月

01
只做第一个我，不做第二个谁

上路前，知道你要去哪里 ...002

再长的路，一步步也能走完 ...007

走自己的路，让别人说去吧 ...010

人生是一条踏上就回不了头的路 ...013

别让旁人决定你的一生 ...015

每天告诉自己一次：我真的很不错 ...018

02
最好的投资就是投资自己

只有一样东西无法让人抢走：知识 ...026

多花时间成长自己，少花时间羡慕别人 ...030

先做，才有发言权 ...033

灵感是长期辛勤劳动的结果 ...037

不要等着天上掉馅饼 ...044

勤者可成事，惰者可败事 ...048

03
友情是人生路上最美的花朵

学会欣赏别人 ...052
欣赏别人是一门学问 ...056
欣赏你的对手，他就是风景 ...061
一切从友善开始 ...064
放下标准，用心去爱别人 ...069

04
请善待每一个与你同路的人

保持和气，与人为善是人生快乐的秘诀 ...074
沟通是消除矛盾的良方 ...077
换位思考是成功者的智慧 ...081
原谅那些无心伤害你的人 ...085
面对误解，我们可以选择沉默 ...088

05
你的善良，应该有点光芒

职场也有"宫心计"，提防小人背后使坏 ...092
换位思考，站在领导角度想问题 ...097
善于隐匿，谨防自己沦为"炮灰" ...102
藏巧于拙，低姿态是最佳的自我保护之道 ...107
暴露缺点并非坏事 ...110
宁可得罪君子，也不要得罪小人 ...115
与上司抢风头，无异于自毁前程 ...120

06
一颗灰暗的心托不起一张灿烂的脸

情绪控制带来和谐与成功 ...128
良好的情绪源于正确的思考 ...134
正确疏导自己的愤怒 ...137
处理好自己的烦躁情绪 ...142
不要拿别人出气 ...145
悔悟与自责也应适可而止 ...150

PART 01

只做第一个我，
不做第二个谁

上路前，
知道你要去哪里

美国作家盖尔·希伊出版了一本畅销书，书名叫《开拓者们》。他在撰写这本书的时候，通过一份内容十分广泛的"人生历程调查问卷"，间接地访问了6万多个各行各业的人士，他发现那些最成功和对自己生活最满意的人至少有两个共同的特点：一是他们喜欢结交很多的亲密朋友；二是他们都致力于实现一个其实际能力所难以达到的目标。

根据希伊的研究，这些开拓者们觉得他们的生活很有意义，而且比那些没有长远目标驱使其向前的人更会享受生活。正如西方有一句谚语所说的："如果你不知道你要到哪儿去，通常你哪儿也去不了。"以下是人生规划设计的5个步骤。

步骤之一：发现或搞清楚你的主要人生目标是什么。所谓主要人生目标，应该是一个你终生所追求的固定的目标，你生活中其他的一切事情都围绕着它而存在。

你在生活中想要拥有些什么？是不是"什么都想要"？

理想的工作，符合要求的人际交往，能让你快乐并有满足感的社交，所拥有的金钱能力足以维持一个符合你身份的生活方式……如果你不打算追求这一切，那么你将无法拥有理想的人生。

为了找到或找回你人生的主要目标，你可以问自己几个问题，比如："我是谁？""我想在我的一生中成就何种事业？""临终之时回顾往事，一生中最让我感到满足的是什么？"你必须先知道自己想要什么，才懂得去追求。也许你很快就可以知道你的终极目标是什么，但是大多数人则不是这样的。他们在找到自己的终极目标之前往往需要在不同的场合对自己重复上面的或类似的问题。

每一次向自己提出这样的问题的时候，随意地记下你的所得。开始的时候，它们可能没有什么意义，但是，多次的累积会让你茅塞顿开。

从今天开始，就去实习"步骤之一"，并将其作为你生活的开始吧！

步骤之二：当你能够用一个简单的句子表达出你的人生目标时，那么你就该着手准备实现这项目标了。

在这方面，职业的选择就是你所要着重考虑的问题。你应该知道，职业是一个工具，是帮助你实现终极目标的工具。你规划自己职业的重要性，就像将军筹划一场战役一样，也像一个足球教练确定一场重要比赛的作战方案一样。

你可以问自己："我的职业正在帮助我实现人生的最终目标吗？"如果答案是否定的，那就干脆重新更换职业。倘若更换职业是不现实的,那你再进一步问一下自己:"是否有一种途径可以让我现有的职业与我的人生基本目标一致起来?"对于第二个问题,答案常常是肯定的。例如,一个事业有成但又并不满足物质上富有的律师,他可能会利用他的部分精力做些公益并从中得到精神满足。

最理想的职业方面的人生规划,应该是在你从学校毕业之时就开始进行的。在这个时候,只要你心中明确你的人生大目标,你就会知道你要选择或接受什么样的职业。毫无疑问,你会选择那份将有助于你实现人生目标的职业。

不过,我们也要切记:只要你还没有到安享晚年的地步,任何时候开始你的职业规划都不会晚。无论你是20岁左右的刚刚踏上职业征程的年轻人,还是40岁左右正陷在一份你不喜欢的工作之中的中年人,现在仍然是你进行职业规划的好时机。

步骤之三:在弄明白了你的职业将会帮助你实现人生更大目标之后,你应该着手考虑你的人生和职业规划中的具体细节了。

你需要有一个详细的个人职业发展计划。这个计划可以是一个5年的计划,也可以是一个10年或者20年的计划。不管属于何种时间范围的计划,它至少应该能回答如下问题:

(1)要在未来5年、10年或20年内实现一些什么样的职业或个人的具体目标?

(2)要在未来5年、10年或20年内挣到多少钱或达到何种程度的挣钱能力?

(3)要在未来5年、10年或20年内有一种什么样的生活方式?

对于这些问题的回答将给你提供一份有关你自己的短期目标的清单。在形成这些目标的过程中,不要纯粹地依靠逻辑思维。这一类的抉择,需要发挥你的创造力,应该把你的情绪、价值和信仰等因素全部调动起来。

步骤之四:在形成了上面的具体的短期的目标之后,你应该策划一下将如何去达成它们。

比如,你现在是一个中层的管理人员,你的5年、10年或20年的个人职业发展规划要求你成为一个高级主管。那么,怎样才有可能实现你的目标呢?如果你能够回答好如下的各项问题,那么你就应知道自己该怎样做了。这些问题是:

(1)需要哪些特别的训练才能使我够资格做一名高级主管?

(2)该增加哪些书本知识?

(3)为使自己仕途坦荡,我需要排除哪些内部的政治上的障碍?

(4)我目前的上司在这方面是我的一个帮助还是一个障碍?在目前的这个公司我最终成为高级主管的可能性有多大?在这里的机会是否比在其他公司更大?

(5)得到这个职位者的一般受教育程度、经验水平和年龄层次是怎样的?

建议你最好将上面的问题写在纸上,并进行思考。

步骤之五:行动,这是所有步骤中最艰难的一个步骤,因为它要求你停止梦想而切实地开始行动。

我们知道，良好的动机只是一个目标得以确立和开始实现的条件，但不是全部。

要想实现人生的终极目标，有两个方面的"陷阱"需要谨慎避免：一个是懒惰；另一个是错误——哪怕是小的错误。

再长的路，
一步步也能走完

最初，每个人的心中都会有许多的梦想，但最终能圆梦的人不是很多。

不能圆梦的原因也许有很多，但能圆梦的原因或许只有一个，那就是：为梦想不懈努力，不达目的决不罢休。

20世纪70年代出生的孩子，或许大都不会忘了动画片中唐老鸭那经典搞笑的声音。

唐老鸭的配音者是李扬。很多人都认为他是一个专业的配音演员。可是事实上，李扬最初只是一名部队里的工程兵，工作是挖土、打坑道、运灰浆、建房屋。这似乎和他的配音工作差了十万八千里。

然而李扬知道，自己一直擅长并喜欢配音工作。所以虽然他现在从事的不是这一行业，可他从来没有放弃过自己的梦想，他知道，总有一天自己的长处会被挖掘出来。

于是，他在空闲时间里认真读书看报，阅读中外名著，并且自己尝试着搞些创作。退伍后，李扬成了一名工人，但他仍然没有放弃自己的理想，用他自己的话说，他始终认为这值得自己去投入。

后来，国家恢复了高考制度，李扬考上了北京广播学院（中国传媒大学），这给他发挥自己的长项创造了良好的机会。因为他的不懈努力，因为他的天赋，加上一些朋友的介绍，李扬终于找到机会参加了一些外国影片的译制录音工作。他的声音生动，而且富有想象力，在几年的时间里他潜心钻研，终于成就了自己独特的配音风格。此时的李扬已是箭在弦上，只需有人开弓，就可以射向目标。

机会来了，风靡世界的动画片《米老鼠与唐老鸭》在中国招募汉语配音演员，虽然是业余配音演员，可李扬凭着自己独特的配音风格一举被迪士尼公司相中，为唐老鸭配音。从此他成了家喻户晓的配音演员。问及李扬成功的秘诀时，他回答说："我之所以能够成功，就是因为我从来没有停止过挖掘自己的长处。"

李扬之所以取得成功，是因为他认为自己的潜力终有一天会被发现，所以他才会一直朝着这个方向努力，并且认为为此付出多大代价都是值得的。

很多时候，一个人之所以无法做出成绩，不是因为他的工作方法有问题，而是他的心态有问题，即他认为做这项工作不是自己的长项，或者是对这项工作没有兴趣。一个人从事自己不擅长或不喜欢的工作，是不会拿出全部的热情和精力来做的。存在着这样的心态，又怎么能有突出的成绩呢？

每个人都有自己的长处，这个长处就像是你的一块宝藏，开启宝藏的钥匙就在你自己的手里，如果你轻易放弃，那么你的宝藏将永远掩埋。

没有人愿意守着自己的宝藏不开掘，而把它带进坟墓。所以，行动起来吧，发现自己的长处，这很重要。尽管你可能由于现实的一些原因而不得不在现有的位置工作，但是，只要你发现了它，并为之不懈努力，最终的成功就一定会属于你。

走自己的路，让别人说去吧

真正成功的人生，不在于成就的大小，而在于你是否努力地去实现自我，喊出属于自己的声音，走出属于自己的道路。

"走自己的路，让别人说去吧！"对但丁的这句名言，我们并不陌生。不过，我们在生活中是否要信奉它、实践它呢？

答案是肯定的。

贝多芬学拉小提琴时，技术并不高明，他宁可拉他自己作的曲子，也不肯做技巧上的改善，他的老师说他绝不是个当作曲家的料。

发表《进化论》的达尔文当年决定放弃行医时，遭到父亲的斥责："你放着正经事不干，整天只管打猎、逗狗、捉耗子。"另外，达尔文在自传中透露："小时候，所有的老师和长辈都认为我资质平庸，我与聪明是沾不上边的。"

苏格拉底曾被人贬为"让青年堕落的腐败者"。

美国职业足球教练文斯·伦巴迪当年曾被批评"对足球只懂皮毛,缺乏斗志"。

爱因斯坦4岁才会说话,7岁才会认字。老师给他的评语是:"反应迟钝,不合群,满脑袋不切实际的幻想。"

牛顿在小学的成绩一团糟,他曾被老师和同学称为"呆子"。

罗丹的父亲曾怨叹自己有个智力存在障碍的儿子,在众人眼中,他曾是个前途无"亮"的学生,艺术学院考了三次还考不上。他的叔叔曾绝望地说:"孺子不可教也。"

《战争与和平》的作者托尔斯泰读大学时因成绩太差而被劝退学。老师认为他"既没读书的头脑,又缺乏学习的兴趣"。

……

试问:如果这些人不是"走自己的路",而是被别人的评论所左右,怎么能取得举世瞩目的成绩?

人生的成功自然包含有功成名就的意思,但是,这并不意味着你只有做出了举世无双的事业,才算得上成功。世界上永远没有绝对的第一。看过马拉多纳踢球的人,还想一身臭汗地在足球队里混吗?听过帕瓦罗蒂歌声的人,还想练习美声唱法吗?——其实,如果总是担心自己比不上别人,那么世界上也就没有帕瓦罗蒂、马拉多纳这类人了。

俄国作家契诃夫说得好:"有大狗,也有小狗。小狗不该因为大狗的存在而心慌意乱。所有的狗都应当叫,就让它们各自用自己的声音叫好了。"

小狗也要大声叫!实际上,追求一种充实有益的生活,其本质并不是竞争性的，并不是把夺取第一看得高于一切，它只是个人对自我发展、自我完善和美好幸福生活的追求。那些每天一早来到公园练武打拳、练健美操、跳迪斯科的人，那些只要有空就练习书法绘画、设计剪裁服装和唱戏奏乐的人，根本不在意别人对他们的姿态和成果品头论足，也不会因没人叫好或有人挑剔就停止练习、情绪消沉。他们的主要目的不在于当众展示、参赛获奖，而是自得其乐、有所获益，满足自己对生活美和艺术美的渴求。

人生是一条
踏上就回不了头的路

在一个偏僻遥远的山谷里,有一个高达数千尺的崖。不知道什么时候,断崖边上长出了一株小小的百合。

百合刚刚发芽的时候,长得和杂草一模一样。但是,它心里知道自己并不是一株野草。它内心深处,有一个坚定的念头:我是一株百合,不是一株野草。唯一能证明我是百合的方法,就是绽放出美丽的花朵。有了这个念头,百合努力地吸收水分和阳光,深深地扎根,直直地挺着胸膛。终于在一个春天的清晨,百合的顶部结出了第一个花苞。

百合的心里很高兴,附近的杂草却很不屑,它们在私底下嘲笑着百合:"这家伙明明是一株草,偏说自己是一株花,看来它顶上结的不是花苞,而是头上长瘤了。"在公开场合,它们则讥讽百合:"你不要做梦了,即使你真的会开花,在这荒郊野外,你的价值还不是跟我们一样。"

偶尔也有飞过的蜂蝶鸟雀,它们也会劝百合不用那么努力开花:"在这断崖边上,纵然开出世界上最美的花,也不会有人来欣赏呀!"

百合却说:"我要开花,是因为我知道自己有美丽的花;我要开花,是为了完成作为一株花的庄严使命;我要开花,是由于自己喜欢以花来证明自己的存在。不管有没有人欣赏,不管你们怎么看我,我都要开花!"

在野草和蜂蝶的鄙夷下,百合努力地释放内心的能量。有一天,它终于开花了,它那灵性的白和秀挺的风姿,成为断崖上最美丽的风景。这时候,野草与蜂蝶再也不敢嘲笑它了。

百合花一朵一朵地盛开着,花朵上每天都有晶莹的水珠,野草们以为那是昨夜的露水,只有百合自己知道,那是因为深深的喜悦凝成的泪滴。

年年春天,百合努力地开花、结籽。它的种子随着风,落在山谷、草原和悬崖边,终于,整个山谷都开满了洁白的百合。

几十年后,人们千里迢迢来到这个山谷,欣赏百合开花。后来,那里被人称为"百合谷地"。

百合花正是凭借着这样一种坚持,完成了自己作为一株花的使命,也证明了自己作为一株花的存在。它正是要告诉我们:哪怕前途布满荆棘,也要勇敢地追逐自己的梦想;哪怕前途一片渺茫,充满他人的嘲讽与不屑,也要坚定地迈向自己的目标。让我们的人生也像那满山的在微风中摇曳的百合,诉说着那片最美的传奇!

别让旁人
决定你的一生

众智成愚，当你没有自己坚定的信念，而随别人的意见左右摆动时，只能让很多本来可行的事，莫名其妙地变成"不行"。

一个六神无主、无所适从的人的一生就像风向标，注定会很累，因为它永远在风的控制下忙忙碌碌、摇摆不定。

但是拥有自己志向的人，却有着一个不可动摇的坐标。他们有自己的方向，决不会摇摆不定。

信念守恒的人，始终如一，孜孜不倦，他们从不为潮流所迷惑，而是步步为营，永不停步地朝着自己的目标努力；风向标式的人则很容易被人言所改变或击倒。

某天，有个年轻人来到集市上，买了一只山羊，他牵着羊，走在街上。

几个骗子看见了，其中一个对他说："你牵着这条狗干什么？"

"别开玩笑,这是一只山羊。"

他牵着没走几步,迎面又过来一个骗子。

"你为什么牵着狗哇?你要这狗干吗?"

"这是山羊!"他冒火了。

不过,他开始动摇了:会不会真是一条狗呢?他低头看看这只长着黑胡子的东西,猜疑:狗?这明摆着是一只山羊嘛!不过……

又走了几步,他听见有人在喊:"喂,小心,别让这条狗咬着!"

"天哪,我真糊涂!"这人终于大叫起来,"我怎么会把它当成山羊买来啊!"他信了骗子的话,把山羊扔在大街上了,那几个骗子捉住山羊,吃了一顿烤羊肉。

当然,这是一个故事。不过现实生活中常常会有这种情况:你要做一件事,拿到了一个好项目,决定做下去,然而,身边的人一致认为"不保险""不可为"。于是,你相信了他们的话,结果是你把一只肥羊当作瘦狗放掉了。

正所谓众智成愚,当你没有自己坚定的信念,而随别人的意见左右摆动时,只能让很多本来可行的事,莫名其妙地变成了"不行"。

我们生活中有很多这样的人:小学一年级时是小小的班头儿,中学时是团支部书记,毕业后当处长、局长、市长……一路攀升到人生的制高点。

其实他的成长很可能只是源自孩童时老师的一句赞扬。

老师表扬他:"好样的,全班的带头人!"

大人都夸他:"这孩子将来一定当大官儿!"

他得到一种来自方方面面的"高标准、严要求",他知道自己必须做得更好,将来才能"当大官"。

他觉得自己与众不同,有一种矢志不渝的信念,而这信念约束着他的言行,也督促着他上进,直到他一步步走向成功。

每天告诉自己一次：
我真的很不错

每个人的性格不同，能力不同，机遇不同，注定有人辉煌，有人平淡。不顾自身的具体情况，不切实际地强求达到别人的高度，这不但不能达到幻想中的目的，反而会增加自己的烦恼和痛苦。要知道，"名人"亦有"高处不胜寒"的孤独、寂寞和压力，而平凡者却拥有平淡中伸手可及的幸福，只是我们常常被虚幻的东西所诱惑，而忽视了真实的自我存在。

一位心理学家从一班大学生中挑出一个有些愚笨、又不大招人喜爱且自卑的姑娘，之后暗中要求她的同学们改变以往对她的看法。同学们按老师的要求，经常争先恐后地照顾这位姑娘，向她献殷勤，陪她回家，并假装打心底里认定她是位漂亮聪慧的姑娘。结果呢？不到一年，这位姑娘简直变成了另一个人——在她的身上展现出每一个人都蕴藏的美。她自豪地说："我获得了新生。"

显然，这种美只有在我们欣赏自己且周围的人也都欣赏我们的时候才会展现出来。

美国著名音乐家麦克约瑟说："你自己与自己的心交流，要赞美它，让它感到你对它的赏识，那时候它才向你释放灵感。"是的，你只有欣赏自己，才能发挥自己。与其站在那里眺望别人的背影，不如坐下来静静地想一想自己走过的每一个坚实的脚印，只要努力寻找，你就会发现自己的生活中亦有许多闪光点。欣赏自己，不是鄙视别人的狂妄自大，是源于对自己生命的珍视和热爱；欣赏自己，不是让自己成为"井底之蛙"而不见更广阔的天空，是让自己抛弃浮躁后更成熟地走向远方。

一家报纸曾刊登了这样一个故事，说的是作者的父亲心情不好时，喜欢在阳台上摆弄他的几株花；作者的心情不好时，则喜欢到阳台上欣赏父亲的花。父亲说，浇花、松土、除草是一种享受，作者却认为赏花才是最好的感觉。父亲的实验项目被人换了，他沮丧了好几天，闲时就到阳台上种花，作者心疼父亲的身体，到阳台看他。父亲凝视着花盆里的一株小草，一动不动。

"爸爸，为什么不把它拔了？"作者问。

父亲说："它太嫩了，拔了可惜呀！"

作者觉得好笑，说："一株草有什么可惜的！"

父亲却喃喃地说："它不值得我欣赏吗？"

"爸爸，你欣赏这草？"作者惊诧。

父亲突然回过头来说:"不,我欣赏我自己。"

"啊!"作者不禁一愣,一向书生气十足的父亲,说这句话时竟有几分儒雅以外的严厉和坚定。

父亲忽然缓缓地说:"我欣赏我自己,因为我和这草一样坚忍不屈。你看,这花盆里净是些用来固定花苗的瓦砾,这草硬是从瓦砾间钻出来。我也是这样,我的实验项目被人换掉了,但我昨天又递交了参加实验的申请书,我要参加这次我并不拿手的实验,想看看自己的能力。仅这一点,就值得自我欣赏。"父亲顿了一下,爱怜地问作者,"孩子,你欣赏你自己吗?"

作者又愣住了,这是何等高深的话题呀!

父亲见他没回答,笑着对他说:"欣赏自己,就要发现自己的闪光点,要自信、要乐观。你是大人了,应该明白了。"父亲的话很深沉,但作者听得很入耳,他知道父亲正用深深的父爱,浇铸着他的品格、性格和人格。

学会欣赏自己的开朗自信,欣赏自己的聪慧大方,欣赏自己的高尚情操,这些都是父亲教给作者的,他终于明白了以前听过的那句话:"人活着,或许有不少人值得欣赏,但你最应该欣赏的是你自己。"

卡耐基说过一段耐人寻味的话:"发现你自己,你就是你。记住,地球上没有和你一样的人……在这个世界上,你是一种独特的存在。你只能以自己的方式歌唱,只能以自己的方式绘画。你是你的经验、你的环境、你的遗传造就的你。不论好坏与否,你只能耕耘自己的小园地;不论好坏与否,你只能在生命的乐章中奏出自己的音符。"的确,我们每个人都是独一无二的。 这个独特的"我",既有优点,也有不足。 一个人只有充分地自我接纳,懂得欣赏自己,才能有良好的自我感觉,才能自信地与人交往,出色地发挥自己的才能和潜力。 假如一个人不懂得欣赏自己、接纳自己,老是以怀疑的、否定的态度看待自己,就有可能限制甚至扼杀自己的生命力。 事实上,我们的身边因为自卑自怜、自暴自弃等各种心理原因而造成的自寻短见的事例已经太多了,并且还在不断地出现,不但给家人造成痛苦,而且给社会造成损失。 当然,更难以去谈怎样赢得别人的欣赏和肯定了。

  智慧而年老的牧师胡里奥在密西西比河边,遇见了忧郁的年轻人费列姆。
  费列姆唉声叹气,满脸愁云惨雾。
  "孩子,你为何如此闷闷不乐呢?"胡里奥关切地问。
  费列姆看了一眼胡里奥,叹了口气,说:"我是一个名副其实的穷光蛋。我没有房子,没有太太,更没有孩子;我也没有工作,没有收入,整天饥一顿饱一顿地度日。像我这一无所有的人,怎么能高兴得起来呢?"
  "傻孩子,"胡里奥笑道,"其实,你应该开怀大笑才对!"
  "开怀大笑?为什么?"费列姆不解地问。
  "因为你其实是一个百万富翁呢!"胡里奥有点儿诡秘地说。
  "百万富翁?您别拿我这个穷光蛋寻开心了。"费列姆不高兴了，转身欲走。

"我怎么敢拿你寻开心？孩子，现在能回答我几个问题吗？"

"什么问题？"费列姆有点好奇。

"假如，我现在出20万美元买走你的健康，你愿意吗？"

"不愿意。"费列姆摇摇头。

"假如，我现在出20万美元买走你的青春，让你从此变成一个小老头儿，你愿意吗？"

"当然不愿意！"费列姆干脆地回答。

"假如，我现出20万美元买走你的容貌，让你从此变成一个丑八怪，你可愿意？"

"不愿意！当然不愿意！"费列姆的头摇得像个拨浪鼓。

"假如，我现在出20万美元买走你的智慧，让你从此浑浑噩噩度此一生，你可愿意？"

"傻瓜才愿意！"费列姆一扭头，又想走开。

"别慌，请回答完我最后一个问题——假如现在我出20万美元，让你去杀人放火，让你从此失去良心，你可愿意？"

"天哪！干这种缺德事，魔鬼才愿意！"费列姆愤愤地回答道。

"好了，刚才我已经开价100万美元了，但仍然买不走你身上的任何东西，你说，你不是百万富翁，又是什么？"胡里奥微笑着问。

费列姆恍然大悟。他笑着谢过胡里奥,向远方走去……从此,他不再叹息、不再忧郁,微笑着寻找他的新生活去了。

在羡慕别人的同时,我们往往忽略了自身的财富。"临渊羡鱼,不如退而结网。"健康、青春、美貌、智慧、良心,每一样都是无价的,而当你具备这些时,你还缺什么呢?好好珍惜你所得,好好利用你所有,你会发现你已经是一个百万富翁了!

欣赏自己并不是傲视一切的孤芳自赏,也不是唯我独尊的狂妄不羁。因为它不需要大动干戈的勇气,也不需要改头换面的毅力,它只属于一种醒悟,一种面对困难时能给予自己信心的源泉,一种推动自己向挫折挑战的动力。

在一次讨论会上,一位著名的演说家手里高举着一张20美元的钞票,面对会议室里的200个人,他问:"谁要这20美元?"一只只手举了起来。

他接着说:"我打算把这20美元送给你们中的一位,但在这之前,请准许我做一件事。"他说着将钞票揉成一团,然后问:"谁还要?"仍有人举起手来。

他又说:"那么,假如我这样做又会怎么样呢?"他把钞票扔到地上,又踏上一只脚,并且用力碾它。而后他拾起钞票,钞票已变得又脏又皱。"现在谁还要?"还是有人举起手来。

"朋友们,你们已经上了一堂很有意义的课。无论我如何对待那张钞票，你们还是想要它，因为它并没有贬值，它依旧值20美元。人生路上，我们会无数次被自己的决定或碰到的逆境击倒、欺凌甚至碾得粉身碎骨。我们觉得自己似乎一文不值。但无论发生什么或将要发生什么，在上帝的眼中，你们永远不会丧失价值。在他看来，肮脏或洁净，衣着齐整或不齐整，你们依然是无价之宝。"

人生自古多磨难。但是，只要你学会欣赏自己，你就会觉得幸福其实是那么平常，它只是小石子落在水面上激起的微微涟漪；而吃苦也并非那么可怕，它只是波涛拍打礁石而泛起的点点水花。当然，这种欣赏是一种务实，一种一步一个脚印的跋涉。

PART 02

最好的投资
就是投资自己

只有一样东西无法让人抢走：
知识

有这样一个故事：一个青年，他经常坐火车、轮船去远方旅行。每次在船车中，他总是随身带些读物，如袖珍书本、函授学校中的讲义，他利用别人很容易浪费掉的零星时间读书，积累知识，以求进步。通过这样日积月累，他掌握了更多的知识，包括历史、文学、科学等。这些知识虽然一时用不着，但是，总有用得着的一天。后来，这个年轻人应聘一所大学的讲师，他凭着自己丰富与广博的学识被学校录取了。后来他对朋友说，多亏几年的读书。

平时不用功，临危抱佛脚，这种学习态度要不得。不论你工作多忙，在工作之余或睡觉前，你完全可以腾出10分钟读书。那些老说自己没时间读书的人，其实是为自己找借口。你可以把时光浪费在闲聊中，在无限空虚的感叹中，为什么不能利用时间读一下书？读书使人增加知识、增长力量，勤奋读书的人，比起那些有天赋但不读书的人更有修养、更有能力，取得成功的概率更高。如果你有一种孜孜不倦以求进步的精神，你就会超越别人，超越那些不读书的人。

有的人或许以为利用闲暇的时间来读书会牺牲自己的其他时间，或者影响工作，这样的想法是错的。读书的作用之大，对于人的一生来说太重要了。工作竞争日趋激烈，生活情形日益复杂，如果你没有学识，你就有可能被这个社会淘汰出局。

当然，也许你会这样想，把时间放在读书上，岂不是浪费了做大事的时间？其实不然，这里说的是叫你每天腾出10分钟读书，不是叫你整天读书。10分钟虽少，但可以集腋成裘，日积月累，就能充实你的知识宝库，渐渐地推广你的知识地平线。将一分一秒的闲暇时间，换来种种宝贵的知识。知识可以给予你能力，使你得以上进，这种机会难道你忍心放弃吗？

耶鲁大学的校长海特莱曾经说："各界的人，如商业界或产业界中的人，都曾告诉我：他们最需要、最欢迎的大学生，就是那些有选择书本的能力及善用书本的人。而这种选择书本与善用书本的能力的最初养成，最好是在家庭中——具备各种书籍的家庭中。"

一个天资比较高的儿童，只要常有接触书、使用书的机会，就一定能从书本中摄取丰富的知识。凡是家庭中备有不少辞典、百科全书以及其他种种有益的书籍的，其儿童往往会于不知不觉之间，利用那容易虚掷的空闲时间来充实和教育他们自己。这种教育的代价，只是书籍的准备，要比学校教育所花费的代价要小得多。书籍可以使家庭布置得幽雅、美观，使儿童乐于待在家中。而那些忽略教育设备的家庭，他们的儿童会厌恶家庭，喜欢到外面乱闯，以致陷入种种危险之中。

家庭是一个人接受最主要的生活训练的地方。在家庭中，我们养成习惯，形成志趣，而这些习惯、志趣，将影响我们的一生。

有一户人家，其父母子女相约于每晚留出一部分的时间作读书或自修之用。晚餐结束后，他们就一起休息及游戏，在一小时之内，或谈笑戏谑，或做各种玩意儿，极尽欢娱。一小时后，便是读书的时候了，于是他们各就各位，或读书，或写书，或自修，静得连根针掉到地上都可以听见。假使有一人觉得不适意、不高兴、无意自修，他至少也要静默无声，不去打扰他人。

在他们中间有一个和谐的、统一的意志——凡可能分散注意力、打断心思与使之心驰神往的一切，都已被有效防止。就事实而论，一小时聚精会神、不被扰乱的读书，其成效要大过常被扰乱与心不在焉的两三个小时的读书。

有不少青年男女，有志在学问上求上进，而最终受阻于家庭中的恶劣环境。例如晚餐之后，全家都谈笑喧哗，毫无休止，所以也就无意自修、无心读书了，充其量也只是看些低级趣味的小说。而家庭成员中要认真读书的倒反而要受嘲笑，仿佛是欲使同流合污而后已。

无论一个人平时怎样忙碌，但总有很多的光阴是虚度或浪费掉的，而这些虚度的光阴假使能善于利用，是一定能生出大益处来的。

养成每天读10分钟书的习惯。这样每天10分钟，20年之后，你的知识水平一定前后判若两人，只要你所读的都是好的东西，你的智慧和能力就会增长许多，你就有可能超越许多人，摆脱许多烦恼。大多数人都肯在自己所喜欢的事上留出相当的时间来。假使你真有求知之饥渴、努力学习的热望，你总会挤出时间来的。

多花时间成长自己，
少花时间羡慕别人

当你置身于这纷繁的大千世界时，是否感觉有许许多多的事情在变化，物价飞速上涨，市场残酷无情，而自己却依然如几年前，工资没增加反而越来越少，你不停埋怨，不停叫苦，这到底怎么了？

静下心来想一想，真正的原因是自己没变化，几年的时间，市场在变，环境在变，而你没有及时充电学习，没有从各方面提升自己，等于你落后了，你的价值如以前一样，甚至贬值。

成功的人有千千万万，但成功的道路却只有一条——学习，勤奋地学习，用时下流行的话来说就是"充电"。 现代社会的飞速发展，知识更新速度加快，要想跟上时代的发展，充电是明智之举，不充电就会失去生存的能量，而最终被社会甩掉。 养成学习的习惯，你离成功就不远了。

适当给自己"充充电"，是当务之急，也是为你以后做事打下坚实的知识基础。

在网络信息技术日益升温的今天，你如果不每天学习，不去充电，那么很快就会落伍。因此，无论在何时何地，每一个现代人都不要忘记给自己充电。只有那些随时充实自己，为自己奠定雄厚基础的人才能在竞争激烈的环境中生存下去。

一名员工对自己的上司很不满意，他对朋友说："我的上司根本就不把我当回事，总有一天我要炒他鱿鱼。"

朋友问他："你对自己的表现满意吗？对你们公司的业务都熟悉吗？"

他说："还不太清楚，但我感觉我的本职工作已经做得很好了。"朋友建议说："你最好把关于国际贸易的技巧、商业文书等一系列的东西好好研究一番，再与你们经理坐下来好好地聊一聊，看看你在经理的眼里是什么样子的，再听听他对你的期望和要求，心平气和地谈谈，如果你们交流后你还感觉不适合在这家公司继续工作的话，再辞职也不迟啊。"

他点头赞同朋友的看法，回公司后改变了自己以往的态度，勤恳地学习公司业务。不久，经理把他叫到办公室肯定地对他点点头，把一项非常重要的工作交给他去处理。他不解地看着经理，经理给他倒了一杯茶说："我相信你现在的能力了，所以把这项任务交给你，大胆地去做吧，做出点成绩来给我看看。"

他试探着说："可以问问为什么以前……"

经理说："那时是因为你的能力还没有达到一定的水

平,而且心太浮躁。年轻人,做人最重要的就是能够认识到自己的能力,从自己身上找原因,这样才能赢得他人的重视与尊重啊!经过一段时间的学习、提高,我认为以前看错了你。现在将这项重要的任务交给你,我放心了,你也到了独自去完成任务的时候了。"说着拍拍他的肩膀离开了。

现实生活中,总有些眼高手低的人,他们常常抱怨老板不给自己表现的机会,认为老板不够器重自己,所以就会产生一些牢骚,甚至想离开这家公司。可是,有这样想法的人,你是否检讨过自己?有没有问问自己,为什么老板不重用你?有没有在自身能力上找找原因?如果你没有,劝你还是检讨一下自己吧!通过学习赶快提高自己的能力吧!

有一种花散发出一种淡淡的芳香,它给人的感觉是阳光、幽香,企业的每一位职工都应像这朵花,虽然小,但它的香气久远,阳光又是企业不可缺少的一部分,散发出一份热量,热量的汇集才能使企业耀眼夺目。只要大家在工作中、学习中不断提升自己的能力,升华自己的思想,就能在企业中站稳脚跟,找回自己,也才能通过企业实现自身价值,有一个美好的未来。

先做，
才有发言权

人生所有的设想和计划只有付诸行动才会有可能变为现实，不管是多么伟大的构想，如果不做就不会给自己和他人带来什么收获，所以，人生的关键就是行动。

先做，然后才能知道能不能实现自己的计划，因为在做的过程中才能发现问题，才能知道困难有多大，也才能具体地去寻找解决的办法。最后才能把想的东西变为实际存在的东西。

先做，才有发言权，没有做过什么事情的人不知道事情的艰难，也不会有什么经验可谈的，要谈也是空洞地谈，没有什么实际的内容。做过了事情就会积累一定的经验，就会有话要说，就不会说空话，说出来的话才有说服力。

先做后说是一种良好的习惯，培养这种习惯，就会使你的人缘建立在可信可靠的基础上，你就会受到别人的喜爱；先做后说是一种美好的行为，培养这种习惯，就会使你在做事的天平上增加行动的砝码，会让你走向成功。

高楼大厦是由一砖一瓦垒起来的,万里长征是一步一步走过来的,所有的大事业都是由小事情一点一点发展起来的。生活或工作中,有些人就是看不见小事情,不愿意做小事,总想干一番轰轰烈烈的大事,可是一直没有大事让他展现自己的才能,所以,常常感叹英雄无用武之地。其实这都是眼高手低、大事做不来而小事又不干的坏习惯。

你要想人生有所作为,走向成功,就必须培养从小事做起的习惯。

有一个很有才华的人,整天想着要写一本世界名著,却看不上写豆腐块的小文章,结果,多年过去了,名著没写出来,小文章也没发表过,白白地让满腹才华失去了表现机会。

相反,另一个人才能一般,但是多年来,一直写小文章,积少成多,由小变大,最后,著作等身,收获颇丰,成功实现了自己的理想。

两种人生,两种不同的结果,这告诉我们:人生就是从小事上起步的,人生的丰碑就是由这些小事雕刻出来的。

当我们决定一件大事时,心里一定会很矛盾,都会面对到底要不要做的困扰。下面的实例是一个年轻人的选择和做法。

杰米先生是个普通的年轻人,二十几岁,有太太和小孩,收入并不多。

他们全家住在一间小公寓里,夫妇俩都渴望有一套自己的新房子,他们希望有较大的活动空间、比较干净的环境、小孩有地方玩,同时增添一份产业。

买房子的确很难,必须有钱支付分期付款的头款才行。有一天,当他签发下个月的房租支票时,突然很不耐烦,因为房租跟新房子每月的分期付款差不多。

杰米跟太太说:"下个礼拜我们就去买一套新房子,你看怎样?"

"你怎么突然想到这个?"她问,"开玩笑!我们哪有能力!可能连头款都交不起!"

但是他已经下定决心:"跟我们一样想买一套新房子的人们有几十万,其中只有一半能如愿以偿,一定是什么事情使他们打消这个念头。我们要想办法买一套房子。虽然我现在还不知道怎么凑钱,可是一定要想办法。"

下个礼拜他们真的找到了一套两人都喜欢的房子,朴素大方又实用,首付款1200美元。现在的问题是如何凑够1200美元。他知道无法从银行借到这笔钱,因为这样会妨害他的信用,使他无法获得一项关于销售款项的抵押借款。

皇天不负有心人,杰米突然有了灵感,为什么不直接找承包商谈谈,向他私人贷款呢?他真的这么做了。承包商起先很冷淡,但由于杰米一直坚持,他终于同意了。他同意杰米把1200美元的借款按月交还100美元,利息另外计算。

现在杰米要做的是,每个月凑出100美元。夫妇两个想尽办法，一个月拟省下25美元，还有75美元要另外设法筹措。

这时杰米又想到另一个点子。第二天早上他直接跟老板解释这件事，他老板也很高兴他要买房子了。

杰米说："T先生（就是老板），你看，为了买房子，我每个月要多赚75美元才行。我知道，当你认为我值得加薪时一定会加，可是我现在很想多赚点钱。公司的某些事情可能在周末做更好，你能不能答应我在周末加班，有没有这个可能呢？"

老板对于他的诚恳和雄心非常感动，真的找出许多事情让他在周末工作10小时，他们因此欢欢喜喜地搬进了新房子。

杰米的成功就在于他认准了目标就行动，不想那么多，在做的过程中，遇到问题，解决问题，最后，就实现了自己的目标。

如果只说不做，就可能一直等下去，就不会有这个结果。

在社会生活中，我们都会有理想，都希望能够改变自己的生活，希望能超越别人，但是真正为这个理想去实践去做的人实在是太少了。我们把问题看得太严重了，把困难想象得太大了，因而还没有做以前，就自己把自己否定了。

灵感
是长期辛勤劳动的结果

灵感具有创造性，它的基本特征是打破人的常规思路，突然达到一个新境界，灵感并不是虚无缥缈的不可捉摸的东西，更不是天才的专利品，只要长期辛勤劳动，总会有一天"功到自然成"。

所谓灵感，并不是什么神秘的东西，而是经过长时间的实践与思考之后，思想在高度集中化与紧张化之后，对所考虑的问题已基本成熟而又未最后成熟，一旦受到某种启发而融会贯通时所产生的新思想。

捕捉灵感要"稳、准、狠"，意思是说，面对灵感，要看得准，经过自己缜密的分析，判断其可行性与可能性；稳是指捕捉灵感要牢，落实要到位；狠是指灵感得来不易，有可能是几年甚至一生才会有一次，所以你必须加倍珍惜，充分利用，要学会充分运用灵感上每一点剩余价值，使其彻底为我所用。

这一切都是为了全力以赴，合理配置，借机会之力创最大效益，谋求最大成功。

有句名言，叫作"机不可失，时不再来"。时间有其独自的特性：一是无法返回；二是无法积蓄；三是无法取代；四是无法失而复得。灵感，离不开时间，时间是灵感的生命。哲学家培根曾感慨地说："灵感先把前额的头发给你捉，而你捉不住之后，就把秃头给你捉了；或者至少它先把瓶子的把儿给你拿，如果你不拿，它就要把瓶子滚圆的身子给你，而那是很难握住的。在开端时善用时机，再没有比这种智慧更大的了。"灵感，速可得，坐可失，我们要想得到它，就不但要努力学习揭示客观必然规律性的科学知识，着重认识事物发展的必然规律，而且要有一种锲而不舍、雷厉风行、只争朝夕的精神，决不能四平八稳"一慢二看三通过"，坐失灵感。

灵感具有创造性，它的基本特征是打破人的常规思路，突然达到一个新境界，当灵感降临的时候，智力水平超出创作者平时的水平，所谓"超水准发挥"，犹如瓜熟蒂落，水到渠成，正是"众里寻他千百度，蓦然回首，那人却在灯火阑珊处"。另外，灵感具有突发性和瞬时性的特点，灵感的产生往往不能自抑。从时间上，灵感什么时候来；空间上，灵感受什么东西启发，都很难预期。

灵感思维与人的直觉是密不可分的，直觉是人的天生能力，往往是创意的源泉。

化学家申拜恩是一个怕老婆的典型，其实也是因为他妻子爱他，不希望他从事那些有很大危险性的化学实验。一天晚上，趁妻子出去串门的时候，申拜恩偷偷地在厨房里开始了他的火药实验，正当他在炉子上加热硝酸和硫酸的混合液的时候，突然听见了妻子回来的声音，他一时心慌意乱，想及时停止实验，却不慎将装着混合酸的坩埚给打翻，申拜恩顿时手忙脚乱，抓起妻子的围裙就去擦炉子上和地板上的混合酸。后来，他又把这个围裙挂在炉子上烘干，过了一会儿，只听得围裙"哗"的一声起火了，一下子就被烧得一干二净，燃烧速度之快，是很罕见的。申拜恩头脑中灵感一闪，抓住这次机遇，发明了以混合酸和棉布为原料的火药。

曾经有一位青年很喜欢写诗，但他总写不出来，便埋怨灵感不登自己的大门。一天，他走在路上，偶然遇到了著名诗人马雅可夫斯基，这时，诗人一边走路，一边构思着诗作。青年赶上前去问："诗人先生，听说您非常富于灵感，而我为什么总找不到？"诗人幽默地说："是吗？也许是灵感不喜欢与懒汉做朋友吧。"

据说1890年，德国有机化学家凯库勒在庆祝德国化学学会成立大会上讲了他在马车上做的一个梦，结果揭开了苯的分子结构之谜的事。当天，竟有好几位好事者雇了马车，在大街上转悠。可是，这几位会员有的没睡着；有的睡着没做梦；有一个人睡着了，而且做了梦，可惜只是梦见打牌输了。"灵感只光临有准备的头脑"，这是一条规律。

然而，同样具有思维的优势，同样苦苦思索，有的人却未能顿悟，这说明捕捉灵感还是有一些窍门儿的。如果你想成为灵感思维的主人，那么，以下的方法可供你参考。

1. 原型启发

阿基米德解开皇冠之谜运用的就是这种方法。由于原型同创新对象之间有某种相似性，因而容易产生联想和比较，接通大脑中的"短路处"，当然，这要求有广博的知识和开阔的视野。

有一天早晨，物理学家阿基米德突然被国王召进宫去，国王很得意地对站在面前的阿基米德说道：

"怎么样？阿基米德，很漂亮的王冠吧？你能不能也做一个同样的呢？"

阿基米德感到有点恼怒，便想捉弄国王，灵机一动就说："陛下！那王冠是纯金打造的吧？"

显然，国王被说到症结处，因为尽管他命令金匠以纯金打铸，却无从证明金匠是否完全照他的命令去做，这时，国王才说出他召阿基米德来的用意。

"阿基米德，我召你来最主要目的是要你调查一下这个王冠的纯度。不过，绝对不准你损害到王冠。"国王这样命令着。

阿基米德非常困扰，并且后悔说了不该说的话，他开始思考该怎么办。苦思许久，仍然想不出一个适当的办法。

在公元前3世纪时，"不知道"这句话不但不能解决问题，有时还会导致被杀头哩！

自然地，阿基米德不敢轻言"不知道"三个字。就在他思考当中，有一天，阿基米德到澡堂去，由于时间还早，客人很少，浴缸里的水还满着。当他进入浴缸里时，浴缸里的水马上溢出来。

那一瞬间，阿基米德像悟到了什么似的叫起来："对！就是这个！"然后，从水里跳起来，兴奋地向实验室飞奔。

这就是阿基米德最有名的浮力原理的故事。

2. 争论触发

争论时，由于与对方相互诘难，挖空心思地寻找对方的漏洞，维护自己的"完整"，头脑处于高度兴奋中。此时，经过相互补充、相互启发，必使你的思路得到重新的调整和组合，灵感就容易在这些组合缝中产生。

洛克菲勒要独享美国石油市场的利益，必须把泰德华脱油管公司搞掉。来自泰德华脱的一个极大的威胁是它从石油产地铺设了一条直通大湖湖滨威廉汤油库的油管。不搞掉这条油管，洛克菲勒则要蒙受巨大的经济损失。

洛克菲勒为了自己的利益需要，必须铺设一条与泰德华脱油管平行的石油管道。但油管必须通过泰德华脱公司的势力范围——巴容县。而且泰德华脱促使巴容县议会通过的一项议案规定：除了已经铺设好的石油管道外，不允许其他油管穿过该县境地。

对于这个不小的难题，洛克菲勒冥思良久才想出一条妙计。

在一个漆黑的夜晚，一伙彪形大汉突然出现在巴容县的东北角。他们挥舞洋镐、铁锹，挖沟掘土。很快，他们挖成一条深沟，接着又迅速将管道埋进去，很快填平了这条沟。天亮之前，他们就已经收工了。

第二天，当当局发现巴容县境内又多了一条美孚石油公司的管道时，准备控告洛克菲勒。闻讯而至的记者们纷纷采访这一事件。洛克菲勒借势召开了一个记者招待会。会上，他振振有词：" 县议会的议案规定，除了已经铺好的油管外，不准其他油管穿境而过。希望各位先生现场参观一下，看看美孚石油公司的油管到底是已经铺好的，还是没有铺好的。"

此时，县议案方才知道立案不严谨，使人家有空子可钻，只好无声无息地不了了之。

我们都相信，牛顿是看到苹果从树上掉落，才发现万有引力的。其实这并不正确，牛顿自己也否定这种偶然性，他曾说过："我早就在思考这个问题了。"

我们常单纯地认为，那些伟大的发明家都是天才，和我们这些平常人相比，头脑比我们好，运气也比我们好。但是，像牛顿这样伟大的天才，如果不努力地做高度思考活动，也不会有任何发明与发现。偶然产生的思考、直觉或第六感也如此，不经一番努力，是不会有任何成果的。

某位对天才的研究有很深造诣的著名教授也认为，没有经过努力的思考，是绝不会产生灵感的。他说："意识的活动，对于灵感产生之前、之后都很重要。没有意志和意识的活动，若能产生灵感，只有在精神病人身上可以看到。"

不要等着
天上掉馅饼

每个人都期望幸福，对于成功者而言，最大的幸福就是劳有所获。梅贻琦的父亲梅臣（字伯忱）只中过秀才，后来沦为盐店职员。梅臣生子女各五人，贻琦为长子，1900年（贻琦11岁）随父母至保定避庚子之乱。秋后返津，家当被洗劫一空，父亲失业，生活困难。1904年，梅贻琦以世交关系入天津南开学堂读书，成为著名教育家张伯苓先生的得意门生。在校期间一直是高才生，1908年毕业时名列榜首，他的名字一直被铭刻在南开校门前的纪念碑上。毕业后，被保送至保定"直隶高等学堂"。

1909年夏，清政府"游美学务处"招考第一批留学生，梅贻琦以优异的成绩考取。10月赴美，成为清华"史前期"的第一批学生。抵美后，进入伍斯特理工学院学习电机专业。在校期间他勤攻苦读，省吃俭用，常把节省下来的余钱积少成多地寄回贴补家用。1914年夏，梅贻琦毕业，获工学士学位并被选入"Sigma Xi"（美国一种专为奖励优秀大学生的组织）。在美期间，他曾担任过留美学生会书记、伍斯特世界会会长、《留美学生月报》经理等职。1915年春回国，于天津基督教青年会服务半年；9月，即应母校清华之聘来校任教。1921年，他利用休假机会再度赴美，在芝加哥大学研究物理一年。1922年秋，"遍游欧洲大陆"后返国，继续在清华任教。

1925年，清华学校增设大学部，梅贻琦担任物理系的"首席教授"。翌年春，教务长张彭春辞职，师生群起挽留，发展成一场"校务改进运动"，成果之一是从这以后，教务长一职不再由校长指定，而是由全体教授公选。4月，梅贻琦被公选为改制后的第一任教务长。

天下没有免费的午餐。个人奋发向上的辛勤实干是取得杰出成就所必须付出的代价，任何杰出成就都必然与好逸恶劳的懒惰品行无缘。正是辛勤的双手和大脑才使得人们富裕起来。事实上，任何事业追求的优秀成就都只能通过辛勤的实干才能取得。没有辛勤的汗水，就不会有成功的喜悦与幸福。

"真正的幸福决不会光顾那些精神麻木、四体不勤的人们，幸福只在辛勤的劳动和晶莹的汗水中。"懒惰，只有懒惰才会使人们精神沮丧、万念俱灰；劳动，也只有劳动才能创造生活，给人们带来幸福和欢乐。任何人只要劳动，就必然要耗费体力和精力，劳动也可能会使人们精疲力竭，但它绝对不会像懒惰一样使人精神空虚、精神沮丧、万念俱灰。

因此，一位智者认为劳动是治疗人们身心病症的最好药物。"没有什么比无所事事、空虚无聊更为有害的了。""一个人的身心就像磨盘一样，如果把麦子放进去，它会把麦子磨成面粉，如果你不把麦子放进去，磨盘虽然也在照常运转，却不可能磨出面粉来。"只有汗水的结晶，只有辛勤的劳动才会创造出未来。

有些懒惰的人总想干点轻松的、简单的事情，但大自然是公平的，这些"轻松的""简单的"事情对于懒惰者而言也会变得很困难、很艰难。那些一心只想逃避责任的懦夫迟早也会受到应得的惩罚，因为这种人总是对高尚的、有利于公众的事情不感兴趣，于是他的私欲、各种卑劣、庸俗的念头就会在他的头脑中膨胀起来，这种人的心思本来可以用在有益的、健康的事业上，结果却由于私心杂念过于膨胀，其心智脑力被各种各样琐屑、卑鄙，甚至是幻想出来的烦恼和痛苦白白地耗费了。

青年人要对自己负责，将来的生活才会充满快乐、幸福，才是成功的，而获得快乐与幸福的方法之一就是劳动。经常从事一些适宜的劳动，对每个人来说都是有益无害的。一旦离开这种经常性的、有益于身心的劳动，人们就会百无聊赖、无精打采，就会无所事事，精神萎靡不振，进而会头昏眼花，神经系统也会紊乱不堪，久而久之，身体自然会莫名其妙地垮下来，精神也会一蹶不振。千万不要陷入这种状态之中。战胜无聊和苦闷的最好办法就是勤奋地工作，满怀信心地劳动。一个人一旦参加了劳动，快乐自然就会来到你身边，无聊和单调的感觉就会逃之夭夭。工作，勤奋地工作；劳动，愉快地劳动。总是去干这样或那样有益的事情，快乐与充实自然会有了。

沈从文曾经长时间从事辛苦的文学创作工作。他自己在回忆这段时光时说："这种辛勤工作使我养成了勤奋、专注、有规律生活等良好习性，这些良好习性使我终身受益无尽。"

那些勤劳的人们总是很快就会投入到新的生活方式中去，并用自己勤劳的双手寻找、挖掘出生活中的幸福与快乐。

勤者可成事，
惰者可败事

古训曰：勤者可成事，惰者可败事。一个人要想成就一番事业，一定要守住"勤"字，忌掉"懒"字。

一项事业，人是最根本的因素。你用什么样的态度来付出，就会有相应的成就回报你。如果以勤付出，回报你的，也必将是丰厚的。所以，某种意义上讲"成事在勤"实不为过。

南宋的思想家、教育家朱熹，是个从小就立志当孔子的人。在他读书时，一天上午，老师有事外出，没有上课，学徒们高兴极了，纷纷跑到院子里的沙堆上游戏、打闹。不大的天井里，欢声笑语，沸沸扬扬。这时候，老师从外面回来了。他站在门口，望着这群天真活泼的孩子们"造反"的情景，摇摇头。猛然，他发现只有朱熹一个人没有参加孩子们的打闹，他正坐在沙堆旁，用手指聚精会神地画着什么。先生慢慢地走到朱熹身边，发现他正画着《易经》的八卦图呢！从此，先生更对他另眼相看了。

朱熹这样好学，使他很快成为博学的人。十岁的时候，他已经能够读懂《大学》《中庸》《论语》《孟子》等儒家典籍了。孟子曾说："人人都可以成为尧舜那样的人。"当朱熹读到这句话时，高兴地跳了起来。他满怀雄心地说："是呀，圣人有什么神秘呢？只要努力，人人都能够成为圣人啊！"

高高在上的圣人其实并非可望而不可即。治学之路就如同登山，唯有攀登不辍，才能一步步靠近峰顶。"一览群山小"的圣人们的成功其实也是由勤奋的习惯得来的。

《史记·孔子世家》记载："孔子晚而喜《易》，序《彖》《系》《象》《说卦》《文言》，读《易》韦编三绝。曰：'假我数年，若是，我于《易》则彬彬矣。'"

孔子读《易经》竟然能把编联简册的牛皮翻断三次，可见其勤奋。不管你是一个凡人，还是一个圣人，勤奋的习惯在你走向成功的努力过程中，始终不可缺少。

踏踏实实做人，实实在在办事。任何一个双手插在口袋里的人，都爬不上成功的梯子。给人留下一个实在的形象，给自己的成功增添一份夯实的基础，从实际出发，对自己负责。

爱因斯坦小的时候，有一次上制作课，老师要求每个人做一件小工艺品。课堂上，老师让学生们把他们的制作拿出来，一件一件地检查。当老师走到爱因斯坦面前时，他停住了，他拿起爱因斯坦制作的小板凳（那可不是一件成功的作品）问爱因斯坦："世上难道还有比这更坏的小板凳吗？"爱因斯坦以响亮的回答告诉老师说："有！"

然后，他又从自己的小桌里拿出了一只板凳，对老师说："这是我做的第一只。"

一个并不手巧的人最后仍然可以成为一个伟大的科学家。不巧的手因勤奋而显得举足轻重。

自身的缺点并不可怕，可怕的是缺乏勤奋的习惯。自身之拙，可能会成为我们成功路上的障碍。但伟人、名人就是在克服障碍后得到桂冠的。即使是太行、王屋二山那么大的障碍也会被我们用愚公移山的精神，用勤奋一点点地挖掉，如果我们始终不放弃理想的话。勤奋面前，再艰巨的任务都可以完成，再坚定的"山"也都会被"移走"；凡事只有踏实勤劳，才能获得真正的成功。

PART 03

友情是人生路上最美的花朵

学会
欣赏别人

王海上大学时，班上有个很会欣赏别人的同学，常能听到他对别的同学的称赞。那时他觉得这同学挺庸俗，年纪轻轻何以学得如此世故，搞这等"阿谀奉承"，真没有意思。

不过这"庸俗"的同学在班上人缘极好，在竞争意识很浓，谁对谁都不服气，彼此讲究"封锁"的氛围里，这位同学似乎是个例外，他如鱼得水，能够和大多数同学进行交流沟通。更让人刮目相看的是，这位同学的成绩由入学时的垫底位子一路飙升。到了毕业时，他已是年级的前几名了。即便这样，还是能听到他对别人的赞扬。

后来他们又分到了同一个单位，别看这位同学其貌不扬，但特会"来事"、卖乖，见谁都打招呼，好像早就是老熟人似的；而且总听他赞扬人，一副谦虚的样子；同事再小的一点儿事，他都爱帮忙。

他来了不到一年,不但得到领导的首肯,许多同事,尤其是年长的同事也都很喜欢他,许多诸如学习培训、参观考察的"美差"都落到他的头上。年底,他还被评为先进工作者。而王海他们这些平时工作勤勤恳恳、自恃"清高"的人却什么也没得到。

学会欣赏别人的优点,不但体现出我们对别人的尊敬,更重要的是,它也是我们学会别人长处的前提。 一个善于学习的人,首先是一个善于欣赏的人!

圣诞节临近,美国芝加哥西北郊的帕克里奇镇到处洋溢着喜庆、热烈的节日气氛。

正在读中学的谢丽拿着一沓不久前收到的圣诞贺卡,打算在好朋友希拉里面前炫耀一番。谁知希拉里却拿出了比她多十倍的圣诞贺卡,这令她羡慕不已。

"你怎么有这么多的朋友?这中间有什么诀窍吗?"谢丽惊奇地问。

希拉里给谢丽讲了两年前她的一段经历——

一个暖洋洋的中午,我和爸爸在郊区公园散步。在那儿,我看见一个很滑稽的老太太。天气那么暖和,她却紧裹着一件厚厚的羊绒大衣,脖子上围着一条毛皮围巾,仿佛天上正下着鹅毛大雪。我轻轻地拽了一下爸爸的胳膊说:"爸爸,你看那位老太太的样子多可笑呀。"当时爸爸的表情显得特别严肃。他沉默了一会儿说:"希拉里,我突然发现你缺少一种本领,你不会欣赏别人。

这证明你在与别人的交往中少了一份真诚和友善。"

爸爸接着说:"那位老太太穿着大衣,围着围巾,也许是生病初愈,身体还不太舒服。但你看她的表情,她注视着树枝上一朵清香、漂亮的丁香花,表情是那么的生动,你不认为很可爱吗?她渴望春天,喜欢美好的大自然。我觉得这老太太令人感动!"

爸爸领着我走到那位老太太面前,微笑着说:"夫人,您欣赏春天时的神情真的令人感动,您使春天变得更美好了!"

那位老太太似乎很激动:"谢谢,谢谢您!先生。"她说着,便从提包里取出一小袋甜饼递给了我,说:"你真漂亮……"

事后,爸爸对我说:"一定要学会真诚地欣赏别人,因为每个人都有值得我们欣赏的优点。当你这样做了,你就会获得很多的朋友。"

19世纪末,美国西部的密苏里有一个坏孩子,他偷偷地向邻居家的窗户扔石头,还把死兔子装进桶里放到学校的火炉里烧烤,弄得臭气熏天。他9岁那年,父亲娶了继母,父亲告诉她要好好注意这孩子。继母好奇地接近这个孩子,当她对孩子有了了解之后说:"你错了,他不坏,而且很聪明,只是他的聪明还没有得到发挥。"继母很欣赏这个孩子,在她的引导下,这孩子的聪明找到了发挥的地方,后来成了美国当代著名的企业家和思想家,这个人就是戴尔·卡耐基。

中国台湾作家林清玄去一家羊肉馆用餐,老板对他说:"你还记得我吗?"林清玄说:"记不起来了。"老板拿来一张 20 年前的旧报纸,那里有林清玄的一篇文章,那时他在一家报社当记者。这是一篇关于小偷的报道,小偷手法高超,作案上千次,次次得手,最后栽在一个反扒高手的手上。文章感叹道:"像心思如此细密、手法如此灵巧的小偷,做任何一件事情都会有成就的吧!"老板告诉他:"我就是那个小偷,是你的这段话引导我走上了正路。"

连小偷身上也有可欣赏的地方,连小偷也能在欣赏的引导下走上正路,我们周围还有什么人不能欣赏、不能被引导呢?

学会欣赏别人吧!欣赏你的同事,你和同事之间会合作得更加亲密;欣赏你的下属,下属会工作得更加努力;欣赏你的爱人,你们的爱情会更加甜蜜;欣赏你的孩子,说不准他就是下一个卡耐基……

欣赏别人
是一门学问

欣赏别人的优点,是一种包容,也是一种渊博,更是一种智慧。 因为唯有了解如何去欣赏他人,我们的心中才存有敬重、谦逊和诚恳。 可是要理性地去欣赏,却也是一门很高深的学问。

孔子曰:"三人行,必有我师焉。 择其善者而从之;其不善者而改之。"孔子一针见血地教导我们,从欣赏别人中,学习自省与自立。 不必嫉妒及过分地模仿对方的优点,更不需要自卑、畏缩;而要以一个有风格、真正的自我来革除恶习,充实良知,不只是一味地被人牵着鼻子走。

相对的,欣赏别人,还要看重自己。 这可以说是给自己一个充分的肯定和自信,不受卑劣的情欲左右,不被外界环境干扰,把独具的禀赋发扬光大,然而却不狂妄自大和高傲。

"神造万灵无赘品,天生我材必有用。"学着看重自己,而看重自己之余也学着欣赏别人。 二者相辅相成,从并肩共进里举步。

"从一粒细沙看世界,从一朵野花想天堂;在你手掌中把握无限,在一刹那抓住永恒。"让我们好好发挥、把握和珍爱生命,最真实地从相遇的人们身上去发现、欣赏并赞美,而你也将获益匪浅。

欣赏别人的优点也是这样。 我们身边的每个人都有优点,这也是一种客观存在。 能否认识到别人的优点,这不仅关系到你能否更好地弥补自己的不足,而且还关系到你能否有一个良好的人际关系。

但欣赏别人的优点绝不是言不由衷地溢美和逢场作戏地赞誉,而是基于事实、发自内心地赞美。 欣赏别人的优点,首先你必须有一个宽广的胸怀,能正确认识别人,善于发现别人的长处,哪怕是微小的长处。 如果你的心胸狭窄得装不下别人,容不得别人比你强,那么别人任何长处都会激发你忌妒的酵母,胀得你心里满满的、酸溜溜的。

欣赏别人的优点,这是你给别人的一份珍贵礼物,具有金钱无法衡量的价值。 欣赏其实就是肯定。 美国心理学家詹姆士说过:"人最本质的需要是渴望被肯定。"欣赏便是满足了别人的这种心理需求。 欣赏别人的优点,仿佛用一支火把照亮别人的生活,也照亮自己的心田,有利于发扬对方的美德和推动彼此的友谊健康地发展。

北宋时期,大文学家苏轼有一次与佛印禅师一起打坐。苏轼对佛印开玩笑说:"我在打坐时,用我的天眼看到大师是团牛粪。"佛印说:"我在打坐时用我的法眼看到你是如来本体。"苏轼回家后得意扬扬地告诉妹妹。苏小妹说："哥哥，你实在输得太惨了。你难道不知道修行的一切外在事物都是内心的投射吗？你的内心是一团牛粪，所以看到别人也是一团牛粪；人家内心是如来，所以看到的你也是如来。"

这个哲理小故事推而广之，还可以这样看：你喜欢别人，别人也就喜欢你；你欣赏别人，别人也就欣赏你；你帮助别人，也就是帮助自己。与人方便其实就是给自己方便。古语云："汝爱人，人恒爱之。"就是这个道理。

有人在一个生活圈子里做过这样的游戏，让每个人写出最有好感的人员名单，同时也写出最讨厌的人员名单。最后统计发现一个规律：你产生好感的那些人，往往是对你有好感的人；而你所讨厌的人，往往也是讨厌你的人。

人与人之间的关系往往是相互的，与人为善，也是与自己为善。当你用欣赏的眼光看别人时，别人也会向你投来欣赏的眼光；当你用鄙视的眼光看别人时，别人也会向你投来鄙视的眼光。盛开的鲜花会引来蜜蜂和彩蝶，而发臭的瓜果蔬菜，只能招来苍蝇和蚊子。

有人说，诽谤者的舌头杀了三个人：说话的人、听话的人和被说的人。其实，也就是这个道理。你把别人看成了"如来"，你就赢得了人心；你把别人看成了"牛粪"，你就背弃了人心，焉能不"败得很惨"？

有一个盲人打灯笼的故事。一个盲人在夜间走路，总是打着灯笼。旁人窃笑不已,问他:"你走路打灯笼,岂不是白费蜡烛?"盲人正色答道:"不是,我打灯是为别人照亮的,别人看见了我,就不会碰到我了。照亮别人就是照亮自己。"

上帝问一只被囚在笼中的画眉:"你愿意到天堂去吗?"

"为什么呢?"

"天堂宽敞明亮,不愁吃喝。"

"可我现在也很好啊。我吃喝拉撒全由主人包办,风不吹头雨不打脸,还天天都能听主人说话唱歌。"

"可是你自由吗?"画眉沉默了。于是,上帝以胜利者的姿态把画眉带到了天堂。他把画眉安置在翡翠宫里住下,便忙着处理各种事务去了。一年后,上帝突然想起了画眉,便去翡翠宫看它,他问画眉:"啊,我的孩子,你过得还好吗?"

画眉答道:"感谢上帝,我活得还好。""那么,你能谈谈在天堂里生活的感受吗?"上帝真诚地说。画眉长叹一声,说:"唉,这里什么都好,只是这笼子太大了,怎么飞也飞不到边。"

看来,人生若是没有相互交流和相互欣赏,即使给你天堂,也注定找不到快乐、自由的感觉,更不要说幸福了。

一个穷困潦倒的青年,流浪到巴黎,期望父亲的朋友能帮助自己找到一份谋生的差事。"数学精通吗?"父亲的朋友问他。青年摇摇头。"历史,地理怎样?"青年还是摇摇头。"那法律呢?"青年窘迫地垂下头。父亲的朋友接连发问,青年只能摇头告诉对方——自己连丝毫的优点也找不出来。"那你先把住址写下来吧。"青年写下了自己的住址,转身要走,却被父亲的朋友一把拉住了:"你的名字写得很漂亮嘛,这就是你的优点啊,你不该只满足找一份糊口的工作。"数年后,青年果然写出享誉世界的经典作品。他就是家喻户晓的法国18世纪著名作家大仲马。

世间许多平凡之辈,都有一些小优点,但由于自卑常被忽略了。其实,每个平淡的生命中,都蕴含着一座丰富的金矿,只要肯挖掘,就会挖出令自己都惊讶不已的宝藏……

欣赏你的对手，
他就是风景

在日常生活中，人们往往视对手为"敌人"。还常常提醒自己：他是我的竞争对手，也就是我的敌人！只要他成功了，我就会被打败！因此，千万要提高警惕，不要对他有半点儿好心。如下面这个故事。

林芳和张萍同时进入了同一家公司，虽然两人不在同一个部门，但是公司新员工培训时，多多少少都对对方有印象。

林芳人长得很漂亮，身边总不乏男同事们献殷勤，加上林芳工作上又很努力，因此，同事对林芳的印象非常好。天长日久，张萍觉得林芳处处在与自己较劲。

张萍心里很气愤，于是找到机会就和同事讲林芳的坏话，说她的作风有问题……林芳听到同事跟她说这些，只是思考了一会儿，不说什么，仍旧很努力地工作。

张萍以为抓到什么把柄，于是变本加厉地诋毁林芳，有时连工作也不做了,直接跑到领导面前打林芳的小报告。但让张萍奇怪的是,林芳工作更加出色了,业绩也非常突出,而自己除了搬弄是非外,业绩平平。有一天,她终于忍不住跑到一个昔日好友那里去大吐苦水,好友听后说:"其实,你又何必呢?人家并没有把你当对手,你应该把比你强的人看成风景才对啊。"

在你的人生交往中,什么人都得有所接触,对手又怎么了? 对手也一样能和你坦诚相处、真心交流。 只要你能放下那种狭隘的看法,不妨用一种欣赏的目光去看待对方,你就会发现,对方其实并非想象中的那样处处与你作对,他有许多东西值得你去学习和借鉴。 排斥对手于事无补,甚至两败俱伤。 相反,只有欣赏对手才更能征服人心。 彼此用真心交流,就会开出友谊之花。 使他变成你的朋友,拿对手当成动力,不是更有利于你的成功吗?

关于做人做事,一位成功者说:"为人处世,要坦诚宽容;不要耿耿于怀,小肚鸡肠。 当然,尤其是对你的对手。"

而我们在这里要说的是,与人共事,要善于运用欣赏对手的原则。 因为这个世界本来就没有所谓真正的敌人,有的只是竞争对手。 你之所以生机勃勃,斗志昂扬,是因为有竞争对手的存在。 竞争对手不是永恒不变的,今天是竞争对手,或许明天就是你的合作伙伴。 "攻城为下,攻心为上",在与对手的竞争中,能征服对方的心,才是最彻底、最高尚、最伟大的胜利。 而善于欣赏对手的优点就是取得这种胜利的必要条件之一。

所以，请不要把竞争对手当作"敌人"对待，你应该看到他的优势，并且用来弥补自己的不足。用赞扬的心态去接受他、欣赏他，放下你"敌视"的心态吧！

对于在竞争中胜利的对手，你要与他握手，祝贺他、赞美他、钦佩他，如果你还能说出他在竞争中某个方面的过人之处，那就更好了。

对于失败的对手，你更要与他握手，鼓励他，同时应该赞美他某一个地方所具有的优势，并告诉他这次你虽然侥幸取胜，但赢得并不轻松。你感到心情非常愉快，并不是因为胜利而愉快，而是又从对手的身上学到了新的东西。

对于对手，你切不可嘲笑、贬低他，更不要诅咒他。因为所有的敌人可能是你的对手，但对手不一定是你的敌人，他们有可能是你前进的动力，甚至是你的朋友，乃至知音。

欣赏对手是你学会做人的一门重要课程，它有助于提高你的人格魅力，也可以净化你的心灵，洗涤你的灵魂；欣赏对手能表现出你宽宏大量的胸怀；欣赏对手能体现你高风亮节的风度；欣赏对手能展示你谦虚谨慎的作风。

是啊！何必用那种仇恨的目光看待对手呢？如果那样，你会感觉自己活得很累，却得不到半点儿好处。还不如用真诚的心灵去欣赏对手，去学习他的可贵之处。人在处世之道上离不开赞扬，欣赏对手你就会得到意想不到的收获，不仅使"敌人"变成朋友，而且还能取得对手的信任和帮助。你在走向成功的道路上不是正需要这样的人吗？

一切
从友善开始

一个风雨交加的夜晚,一位行李简陋、衣衫破烂的老人来到费城的一家旅店投宿,他对伙计说:"别的旅店全客满了,我能在贵处住一晚吗?"

伙计解释说:"因为城里举行大型活动,所以旅店到处客满。不过,我不忍心看您没个落脚处。这样吧,我把自己的床让给您,我就在柜台上搭个铺。"

第二天早上,老人临行前对伙计说:"年轻人,你当得了美国第一流旅馆的经理。兴许过些日子,我要给你盖个大旅馆。"

伙计听了,畅怀大笑。两年过去了。一天,伙计收到了一封信,邀请他去纽约回访两年前那个雨夜的客人。伙计来到了车水马龙的纽约,老人把他带到第5大街和第34街的交会处,指着一幢巍然壮观的高楼说:"年轻人,这就是为你盖的旅馆,请你当经理。"

这位年轻人就是如今纽约首屈一指的奥斯多利亚大

饭店的经理乔治·波尔特，那位老人则是拥有亿万财产的石油大王保罗·盖蒂。

与人为善是一种人生智慧，有许多用智慧千方百计也得不到的东西，凭着与人为善却轻而易举就得到了。 与人为善是一种蕴藏在人内心深处的珍贵的感情，它是对人生的一种理解，对行为的一种保证。

一天，太阳和风争论谁比较强壮，风说："当然是我。你看下面那位穿着外套的老人，我打赌可以比你更快地让他把外套脱下来。"说着，风便用力对着老人吹，希望把老人的外套吹下来。但是它愈吹，老人把外套裹得愈紧。

后来，风吹累了，太阳便从云后走出来，暖洋洋地照在老人身上。没多久，老人便开始擦汗，并且把外套脱下。太阳于是对风说道："温和友善永远强过激烈狂暴。"

如寓言所蕴含的寓意一样，温和友善往往比激烈狂暴更能解决问题。

当营业部经理时，玛丽和一个雇员不和。玛丽不喜欢她的目中无人，决定找她谈谈。为了避免当众争吵，玛丽打算在家中给她打电话。"我是否要解雇她？"翻着雇员卡，玛丽若有所思。突然，9年前发生的一件事闯入她的脑海。

那时,玛丽干着一份全日制工作,以资助丈夫迈克完成学业。终于,他毕业的日子要到了。他们的父母将从州外赶来参加他的毕业典礼,而玛丽也为那天做了许多计划。比如,毕业典礼后,去吃冰激凌,然后去镇里潇洒一回。

玛丽兴高采烈地跑进她工作的那家书店。"我要在感恩节后的那个星期六休假,"她向老板宣布,"迈克毕业了!"

"对不起,玛丽,"老板说,"假日后的周末是我们最忙碌的时间,我需要你在这儿。"

玛丽无法相信老板会如此不通情理。"可迈克和我等这天已经等了5年了啊!"她辩解说,声音因激动而发颤。

"当然,我不会在毕业典礼时,给你安排活儿。"他说。

"我根本就不能来,罗斯,"玛丽的脸因发怒而绷紧,"我不会来的!"她咆哮着冲了出去。

后来的那些天,玛丽对老板都不理不睬。他问她话时,玛丽也只是三言两语冷漠地应答。

他们的关系越来越紧张,虽然罗斯看起来依旧热诚,而且常常是笑脸相迎,可玛丽知道他心里不舒服,而她也铁了心,一定要请一天假。

他们就这样冷战了几个星期。一天,罗斯问玛丽是否愿意和他单独谈谈。于是,他们去阅览区坐了下来。玛丽盯着她的脚,告诫自己无论发生什么都要坚强地承受。显然，老板想解雇她。他不可能任她这样轻视他而无动于衷。毕竟，他是老板，而老板总是对的。

当玛丽不屑地冷冷地扫视他时，她惊讶地看到他眼中受伤的表情。"我不想在你我之间存有任何的怒气和不快，"他平静地说，"你可以在那天休假。"

玛丽不知道该说什么。她的愤怒，她的狭隘，她的孩子气的行为在他的谦卑面前是那样的微不足道。"谢谢，罗斯。"玛丽终于"挤"出了一句话，她不会忘记这件事的。

现在，这段往事又跳回玛丽的脑袋里。她怎么就忘了罗斯对她的友善呢？在过去几天里，她怎么就没有能把这种友善传递出去呢？

玛丽从雇员卡中拿出那个雇员的卡片，拨打了她的号码，并向她道歉。挂电话时，她们的关系已和好如初了。

"上帝"有办法把我们从人生中所学到的东西深藏于我们心灵深处，并在需要的时候，让它们浮现出来。有时候，对人友善比坚持"正确"更重要。

20世纪70年代，日本名古屋格木电力公司因没有处理好废水问题，使大量海洋生物死亡，严重影响了渔民的生计问题，一大群愤怒的渔民闯入了公司经理的办公室，他们要求格木电力公司减少环境污染，并且赔偿他们的直接和间接损失。

其实对环境造成这样的污染并非格木电力公司的本意，公司也一直在致力于解决环境的污染问题，但是由于成本太高，格木电力公司不得不宣告放弃，而选择将废水直接排入海洋。当接到渔民们的警告之后，格木电力公司只好采用低硫燃料以减少环境污染，可是这样一来，电的成本大大提高，急速上涨的电价又使用户们怨声载道，电力公司周围的渔民们自然也包括在这些用户当中。格木电力公司计划再建几座核电厂改变这种局面，但电厂附近的居民又不同意。

  处在两难境地的格木电力公司知道面对眼前的问题只能迎难而上，逃避根本解决不了问题，而如果对渔民们采取强硬措施，也只会把事情搞得更糟，解决不了问题。于是公司首先派有关人员耐心倾听了渔民们的倾诉，对渔民们的损失表示同情，同时还主动向渔民们表达公司的歉疚之情，如此一来，渔民们的怒气逐渐平息了。接下来，公司人员又向渔民们说明了公司的难处和公司将要改变这种局面所采取的种种措施，使公众知道这是一家具有社会责任心的公司。最后，渔民们不仅理解了这家电力公司的方针、政策，谅解了他们暂时的缺点和不足，而且还积极地为公司出谋划策，使公司与渔民的矛盾最终得到了化解。

  林肯说过："一滴蜜比一加仑胆汁，能捕到更多的苍蝇。"温和与友善总是比愤怒和暴力更有力，太阳能比风更快脱下你的大衣，因此，无论是做人还是做事，请记住这一点：一切从友善开始。

放下标准，
用心去爱别人

爱是放下自己的标准，放下自己的信念，放下自己的"应该"与"不应该"，不加任何价值判断地理解一个人，接纳一个人，包容一个人，欣赏一个人。

不管做什么事，都会有一套标准，尤其是在职场，职场标准犹如人们在恋爱时定的爱情标准一样。在爱情的世界里，有所谓的标准吗？有人问和对方会不会开始得太快；亦有人问，她的爱情观是不是已经落伍了。要是爱情的产生时间真的有标准的话，那么这标准到底从何而来，又是谁定的？

可以说，由于每个人的职业不同，因此，职场标准也就会有所不同。每个人都是独特的，因为不同的经历、性格和成长背景会使人有不同的社会观。因此社会观念并没有所谓落伍与否，合不合潮流。遵守职场标准，便能够在一个地方长久待下去吗？如果事事都循规蹈矩，我们岂不是会活得更辛苦吗？而这样又有什么意思呢？

在纷繁复杂的世界里，很多事并没有绝对的标准，立场不同，看法也不同。 这样的话，标准便无法确定。 一切按标准进行，工作的质量并不见得会提高。 如果我们像机器一样，只懂得按照一个个步骤进行，这样的话，在工作上哪还会有创新，哪还有什么热情所在，这样的话，工作对我们来说还有什么意义呢？

其实，在职场生存并没有所谓的标准，因为做好自己才是最重要的。 如果自己都不懂得如何处理自己的处世方式，便无法很好地生存下去。 正因为没有标准，我们更要做好自己，这样才能问心无愧。

身在职场，我们努力工作其实就是为了时刻提升自己的能力，是为了自己成功的那一天，到那一刻，我们过去所有的辛勤付出都会得到回报！同事是我们职场上的伙伴，是亲密无间的朋友或者矛盾重重的对头，当我们在职场中相处时，只有亲密合作这种情绪能够保留。 职场是一个充满理性的地方，投入过多的情感只会像迷雾一样扰乱我们的视线；职场如战场，我们深深地知道这种迷雾对我们的职业生涯是致命的。 要是真的有职场标准的话，那么，用心工作，搞好人际关系，讲究职场道德，做好自己，就是最好的标准。

不同的人，应该有不同的工作态度和方式，只有这样才能使我们散发出个人独有的魅力。 因为如果每个人都按照一样的职场标准工作的话，那么所有人的职场观就会变得完全相同，这样我们便失去了自己的特色，做什么工作根本没有任何区别。

爱情其实是一个从爱自己到爱别人的过程。 同样，我们在工作当中，也应该学会从爱自己过渡到爱别人。 这个过程很简单，但这个过程同样也很复杂。简单在于方式方法，而复杂则存在于内心。

心理学家说，现在的很多人都太爱自己了，而忽略了如何去爱别人。不肯屈就先道歉，觉得那是丢面子；不肯主动送礼物，觉得那是虚情假意；不肯帮助别人，觉得对方可以自力更生。那人与人之间的友谊还会存在吗？难道彼此都守护着自己的堡垒，互不干涉吗？答案当然是否定的。爱，是一种双方的融入，是一种彼此的尊重，是一种互相的付出。只有用心去爱别人，才能赢得别人同等的尊重和爱心。

从经济的角度看，爱的投资就好比是投资互动性很强的产业。当自己开始付出时，这付出的形式某种程度就在于各种日常事务当中。当然，这所有的一切都要建立在真心的基础之上，否则纯粹用假象堆积起来的过程也只能当成风景画，而不能真正进入其中。当然如果说自己的付出失败了，也不必因此而丧气，因为从另外的角度讲你积累了经验，为下一次爱的投资做好了准备。

从社会效益的角度看，爱别人的同时，会增加人与人之间的信任感与融合性，每个人在这个过程当中学会了尊重，懂得了宽容，了解了付出，从而使得社会上的人情味儿可以得到进一步增加，同时自身的愉悦感也会因此大大加强。

所有的职场沟通技巧，所有的职场理论，都是在给人们做心理调解，引导人们迈出自我的门槛，走出自我封闭的状态，融入社会中去。如果说一个人爱的能力很强，那么他只需自己给自己培训就够了；如果爱的能力欠缺，就要找到某些方式，或是朋友，或是社会培训。只有学会从爱自己转移到爱别人,你才能在职场里自由驰骋。

在日常生活中,我们无论是讨厌一个人还是喜欢一个人,都习惯于按自己的标准去衡量对方:不合乎自己的标准,就讨厌;合乎自己的标准,就喜欢。工作守时是自己的标准,如果对方是一个守时的人,自己就喜欢他;如果对方常常迟到或早退,自己就讨厌他,甚至把他归入不再深入交往的黑名单。衣着得体是自己的标准,如果对方在乎自己的形象,自己就喜欢他;而如果对方不修边幅,自己就讨厌他。难道人与人的相处都是按标准进行的吗?

人类之所以不自由,就是因为都在按自己的标准看人,这样对人就太不公平了,也就是因为这种不公平,人们才会处处受限制。人与人之间的相处应少一点儿标准,多一点儿和谐;少一点儿痛苦,多一点儿开心。因为我们总是在用自己的信念、价值观和行为准则来衡量别人,所以我们才会滋生出喜欢和讨厌的情感。如果职场真的有标准的话,那么应该是这样的:我允许你和我有不同的看法,我接纳你与我有不同的做法,我理解你本应该与我存在差异,就像我们无法找到完全相同的两片叶子,我接受你的不同,也欣赏你的不同,我感恩因此创造的丰富多彩的世界,于是我敢说"我爱你"。放下自己的标准,从容淡定地去工作和生活吧!

PART 04

请善待每一个与你同路的人

保持和气，
与人为善是人生快乐的秘诀

不和对方对抗，别人才不会和你斗气。生活中，融合远比对抗更有乐趣。保持和气，与人为善，是生活获取快乐的秘诀。

人与人之间在社会上或在工作中表现出的是一种相互依存的关系，不仅所肩负的事业存在共性，而且也有很多工作必须依靠合作才能完成。否则，互相拆台，暗中作梗，明处捣乱，想把一件事情做好是不大可能的。而让周围的人都能捧场和合作，自然需要气氛上的和谐一致。倘若情感上互不相容，气氛上别扭紧张，就不可能协调一致地工作。

当然，每个人都有自己的个性、爱好、追求和生活方式，依各自的教养、文化水平、生活经历等区别，不可能亦不必要每个人都处处与他所处的群体合拍。但是，我们必须懂得，任何一项事业的成功，都不可能仅靠一个人的力量，谁也不愿意成为群体中的破坏因素，被别人嫌弃而"孤军作战"，这就是共同点。一个有修养的、集体感强的人，能够利用这一共同点，以自己的情绪、语言、得体的举止和善意的态度去感染、吸引或帮助别人，使周围的关系更和气、更融洽。

与人为善，平等尊重，是与人友好相处的基础。应该主动热情地与周围的人接近，表示一种愿意与之交往的愿望。如果没有这种表示，别人可能会以为你希望独立，不敢来打扰。

另外，言谈举止也是非常重要的。谈话应选择别人感兴趣、听了愉快的话题，使人觉得你是个谈得来的朋友，只有让人从你的言谈中得到乐趣，别人才会愿意与你交谈。我们反对一味地曲意逢迎，但是善意、友好的称赞会使人愉快，刻薄、不善意的取笑会让人感到自尊心受到伤害而不和你接近。

任何人和任何事情都不可能尽善尽美、尽如人意，善于发现别人的长处，认识到大多数人都是通情达理的，会使自己以宽容的态度与人相处。谁都会有不顺心的时候，善于克制自己的情绪，约束自己的行为，而在别人产生消极情绪时又能予以谅解，这正是一种有教养的表现，它会使人处处感到你友好的愿望。

其实，哪一个地方的人都不难相处，能否友好相处，主要取决于自己。据美国出版的《成功的座右铭》一书介绍，一所大学的研究结果表明，显示一种真正以友谊待人的态度，60%～90%的高比率是可以引起对方友好的反应的。领导此项研究的博士说："爱产生爱，恨产生恨。"这句话大致是不会错的。

与周围的人保持和气与友爱，最大的原则是不要随意批评他人，尽量地少批评或委婉批评。

　　美国俄克拉荷马州恩尼德市的江士顿，是一家工程公司的安全协调员。他的职责之一是监督工地工作的员工戴上安全帽。他说他一碰到没有戴安全帽的人，就官腔官调地告诉他们，要他们必须遵守公司的规定。员工虽然接受了他的纠正，却满肚子的不高兴，而常常在他离开以后又把安全帽拿了下来。

　　他决定采取另一种方式。下一次他发现有人不戴安全帽的时候，他就问他们是不是安全帽戴起来不舒服，或者有什么不适合的地方。然后他以令人愉快的声调提醒他们，戴安全帽的目的是保护他们不受到伤害，建议他们工作的时候一定要戴安全帽。结果是遵守规定戴安全帽的人越来越多，而且这种方式不会造成愤恨或情绪上的不满。

沟通
是消除矛盾的良方

职场中的不少人际矛盾是由于彼此之间的沟通不畅引起的，因此，学会与他人进行高效的沟通，是消除人际矛盾的一个重要方式。

当代社会，"地球村"不再是神话，沟通对个人身心健康、人格的健全和完善、人际关系的冲突的解决，乃至于社会各行业间、各部门间的分工协作都具有至关重要的作用。随着社会的发展，现代人自我意识的增强，各种文化的融合，世界一体化趋势的增强，沟通显得比以往任何时代都更为重要。沟通，已经成为我们这个时代的重大主题。因此，一个成功的人，首先是一个沟通的高手。

沟通关键是寻找和建立协议的基点，以便发展一种能够指导重大联合行动的认同感。一个人若是准备同他人建立有效的人际关系，就必须首先承认他人价值观中的独特之处，并向他人表示支持和承认。当今社会，沟通的实质是一个人首先承认他人所选择的文化组织和人际关系，进而掌握改善这些关系所必需的技巧。人际沟通以建立和维持人际关系为内容，其重点是把那些先前已有的组织、文化和跨文化沟通系统充分联结起来。

1. 沟通应因人而异

沟通就是"看人说话"，就是"到什么山上唱什么歌"，沟通高手都能看准对象、因人而异地采取沟通策略。

所以，在沟通之前，有心计的人都会分析判断自己的沟通对象属于哪一种类型。

一般来讲，沟通对象的类型不外乎以下四个派别：

（1）直观派。其特点是爱幻想，有创造力，勇于创新。直观派注重原始观念，勇于尝试。他们想得较长远，且具整体性，常被视为理想派。

（2）思考派。其特点是注重事实、逻辑与系统分析，较保守、谨慎。喜欢汇集所有相关资料，然后再据以权衡、推断，并选定多种选择方案中的一种。思考派偏爱以逻辑、按部就班的途径来解决问题。

（3）情感派。其特点是率直、感情用事，注重印象与关系。情感派喜欢把其工作环境个人化，在个人及工作上的交往喜好较开放、坦诚，且常凭感觉做决策。

（4）感应派。其特点是强调行动、当机立断，注重最终结果。感应派果断、步调快且有自信，偏爱"现在就动手"的做事方式，常被视为真正能使事情实现的行动者。

一个堪称沟通高手的人，能够依据沟通对象的不同特点，灵活机智地采用沟通策略，以解除对方的抗拒心理，达到自己的期望目标。

(1) 应对直观派的方法。 直观派希望得到你的尊敬。 当他提出意见,你要说"这点我们将予以重视",并表现出你对他所说论点的了解与重视。 直观派会知道他的意见已被重视,而继续与你谈下去。

(2) 应对思考派的方法。 思考派偏爱慢步调、就事论事的作风。 与他争论会令他不安,最好以提出问题的方式,让他从另一个角度对事情做重新调整。

(3) 应对情感派的方法。 情感派喜欢强调保证的作风。他爱与人套交情,必要的话,你应以人格保证,生意成交后,你还会回来确定一切都没出错。

(4) 应对感应派的方法。 感应派爱争辩、讨价还价,一定要觉得自己已占了便宜。 对付他最好的办法,就是送一打美酒,邀他到最好的餐厅吃顿饭,给以"好处"。

2. 同步是沟通的第一步

在实际的沟通中,彼此认同既是一种可以直达心灵的技巧,又是沟通的动机之一。 在认同的基础上,外在技巧和内在动机就结合得比较完美。 认同经由同步而来,沟通关系都是从同步开始跨出第一步的。 并且,双方的目的几乎就是达到同步,这就形成了一个奇妙的过程:同步—认同—同步。

毫无疑问,后一个同步是在认同基础上达成的共识和一致行动,相比前一个同步已经产生了质的飞跃。

作为沟通的第一步,同步指的是沟通双方彼此经过协调后所形成的、有意要达到同样目标时所采取的相互呼应、步调一致的态度。它意味着沟通在经过彼此的默许和暗示之后正走在通向顺利的路上。

当沟通双方相互从对方的视野看问题时，同步就开始了。于是，彼此都寻找共同点。各种共同点综合起来，沟通的可行性就大了。所以说，要沟通首先就得寻求同步。

3. 投其所好，使沟通顺畅进行

无论是在何种场合下与人交际，我们都可以通过多种渠道了解到对方的喜好。对他人喜好之物显示出浓厚兴趣。这样会很快地找到沟通的共同点和切入点，使沟通顺畅进行。

投其所好并不是容易的，这个问题不适合主动谈起，更多的是要暗示，因为不经意和他人的兴趣爱好相一致，会更令对方兴奋。如果主动谈起，往往达不到效果。比如说一个喜欢写诗的人，你要是主动去和他大谈特谈写诗，他可能很厌烦，因为这方面他是专家，你所说的在他看来一句都说不到点子上。如果你无意中表示出兴趣，让他来谈论，你们的沟通就会很迅速地达到融洽。不经意地表达出和他人一样的兴趣爱好，会让他人主动趋近你。

因此，要投其所好，最关键的一点是了解到他人真正的兴趣爱好，自己也得在这个爱好上有所准备，沟通时不经意地流露你也有同样的爱好。

沟通的目的，就是为了和对方互通有无，相互取长补短，进而优势互补、资源共享。

换位思考
是成功者的智慧

成大事者在遇到难题时善于换位思考，即从另外一个角度重新审视自己和环境，以便找到新的人生机遇和突破点。这就是说，换位思考是成功者的手段之一。

很多人不敢创新，或者说不愿意创新，是因为他们头脑中关于得、失、是、非、安全、冒险等价值判断的标准已经固定，这使他们常常不能换一个角度想问题。

举一个例子，假如有一个人有100％的机会赢80块钱，同时还有85％的机会赢100块钱，但是有15％的机会什么都不赢。 在这种情况下，这个人会选择最保险安稳的方式——选择80块钱而不愿冒一点儿险去赢那100块钱。 可如果换一种方法来设定这个问题，一个人有100％的机会输掉80块钱，另外一个可能是有85％的机会输掉100块钱，但是也有15％的机会什么都不输。 这个时候，人们都会选择后者，赌一把呗，说不定能少输点儿。

这个例子使我们明白，平时我们之所以不能创新，或不敢创新，常常是因为我们从惯性思维出发，以致顾虑重重、畏首畏尾，而一旦我们把同一问题换个角度来考虑，就会发现很多新的机会、新的成功。

著名的化学家罗勃·梭特曼发现了带离子的糖分子对人身体是很重要的。他想了很多方法以求证明，都没有成功。直到有一天，他突然想起不从无机化学的观点而从有机化学的观点来看这个问题，才得以成功。

当然，作为在平凡生活中追求财富和梦想的普通人，换一个角度想问题的方法所取得的成效，不亚于科学家们的新发现。

麦克是一家大公司的高级主管，他面临一个两难的境地：一方面，他非常喜欢自己的工作，也很喜欢跟随工作而来的丰厚薪水——他的职位使他的薪水有只增不减的好处。但是，另一方面，他非常讨厌他的主管，经过多年的忍受，最近他发觉已经到了忍无可忍的地步了。在经过慎重思考之后，他决定去猎头公司重新谋一个别的公司的职位。猎头公司告诉他以他的条件，再找一个类似的职位并不费劲。

回到家中，麦克把这一切告诉了他的妻子。他的妻子是一个教师，那天刚刚教学生如何重新界定问题，也就是把正在面对的问题完全颠倒过来看，不仅要跟你以往看这问题的角度不同，也要和其他人看这问题的角度不同。她把上课的内容讲给了麦克听,这给了麦克以启发,一个大胆的创意在他脑中浮现。

第二天,他又来到猎头公司,这次他是请公司替他的主管找工作。不久,他的主管接到了猎头公司打来的电话,请他去别的公司高就。尽管他完全不知道这是他的下属和猎头公司共同努力的结果,但正好这位主管对于自己现在的工作也厌倦了,没有考虑多久,他就接受了这份新工作。

这件事最美妙的地方,就在于主管接受了新的工作,结果他目前的位置就空出来了,而麦克申请到了这个位置。

这是一个真实的故事,在这个故事中,麦克本意是想为自己找个新的工作,以躲开令自己讨厌的主管。但他的太太教他换一个角度想问题,就是替他的主管而不是他自己找一份新的工作,结果,他不仅仍然干着自己喜欢的工作,而且摆脱了令自己烦恼的主管,还得到了意外的升迁。

一些专家在研究汽车的安全系统如何保护乘客在撞车时避免受到伤害时,最终也是得益于换个角度解决问题。他们想要解决的问题是,在汽车发生冲撞时,如何防止乘客在汽车内移动而受伤——这种伤害常常是致命的。在种种尝试均告失败后,他们想到了一个有创意的解决方法,就是不再去想如何使乘客绑在车上不动,而是去想如何设计车子的内部,使人在车祸发生时最大限度地减少伤害。结果，他们不仅成功地解决了问题，而且开启了汽车设计的新时尚。

换个角度，就换了一种思维，就打破了自己的习惯思维和固有思维，这样，必然会有不一样的结局出现。

美国在西部大开发时，传闻加州一带有金山，于是来自五湖四海的人，抱着各种各样的目的蜂拥至此，掀起了美国有史以来最大的一股淘金热。有一个人也随大流至此，很快他发现，凭一己之力，淘到金子的概率微乎其微，不如在淘金者身上做点生意，结果是，很多变卖家产去淘金的人到头来落得个两手空空，而这个人却靠从淘金者身上赚来的钱发家致富了。

原谅那些
无心伤害你的人

在人的一生中，面对一个小小的过失，常常是一个淡淡的微笑，一句轻轻的歉语，就可以使内疚、紧张和不愉快化为无形；我们也常常因一件小事、一句不注意的话，使人不理解或不被信任，但不要苛求任何人，以律人之心律己，以恕己之心恕人。所谓"己所不欲，勿施于人"也寓理于此。

古时候有个宰相，一天，请来一位理发师给他理发。理发师给他理好发后，就给他修面。面修了一半，理发师忽然停下手中的剃刀，两只眼睛看着宰相的肚皮，宰相心想：肚皮有什么好看呢？就问道："你不修面，却在看我的肚皮，这是为什么？"理发师听了宰相的问话，说："人家说'宰相肚里能撑船'。我看大人的肚皮并不大，如何可以撑船呢？"宰相听了哈哈大笑，说："所谓'宰相肚里能撑船'，是说宰相气量大，对各种小事，都能容忍，从来不计较。"理发师听了，慌忙跪在地上，口中连连说:"小人该死,小人该死。"宰相忙问:"什么事?"理发师说:"小人该死。在修面的时候,小人不小心,将大人左面的眉毛剃掉了,千万请大人恕罪。"宰相一听,十分气愤。他想,剃去了一道眉毛,如何去见皇上,又如何会客呢?正想发怒,但又一想,自己刚才讲过,宰相的气量最大,对那些小事从来不计较,现在为了一道眉毛,又怎么能治他的罪呢?想到这里,宰相只好说道:"去拿一支笔来,将剃去的眉毛给我画上。"理发师就按宰相的吩咐,给宰相画上了一道眉毛。

心胸狭小的人多烦恼,别人不能公正地对待他,会使其烦恼;自己的机遇不如人,也会使其烦恼。在生活中遇到些许不顺的事情,便会叫苦连天,仿若《安徒生童话》中那个豌豆上的公主。

夏原吉,江西德兴人,是明宣宗时的宰相。他为人宽厚,有古君子之风。

有一次夏原吉巡视苏州,婉谢了地方官的招待,只在客店里进食。厨师做菜太咸,使他无法入口,他仅吃些白饭充饥,并不说出原因,以免厨师受责。随后他巡视淮阴,在野外休息的时候,不料马突然跑了,随从追去了好久,都不见回来。夏原吉不免有点担心,适逢有人路过,便向前问道:"请问你看见前面有人在追马吗?"话刚说完,没想到那人却怒目对他答道:"谁管你追马追牛?走开!我还要赶路。我看你真像一头笨牛!"这时随从正好追马回来，一听这话，立刻抓住那人，厉声呵斥，要他跪着向宰相赔礼。可是夏原吉阻止道："算了吧！他也许是赶路辛苦了，所以才急不择言。"便笑着把他放走了。

有一天，一个老仆人弄脏了皇帝赐给夏原吉的金缕衣，吓得准备逃跑。夏原吉知道了，便对他说："衣服弄脏了，可以清洗，怕什么？"又有一次，奴婢不小心打破了他心爱的砚台，躲着不敢见他，他便派人安慰她说："任何东西都有损坏的时候，我并不在意这件事呀！"因此他家中不论上下，都很和睦地相处在一起。

当他告老还乡的时候，寄居途中旅馆，一只袜子湿了，命伙计去烘干。伙计不慎，袜子被火烧坏，伙计却不敢报告；过了好久，才托人请罪。他笑着说："怎么不早告诉我呢？"就把剩下的一只袜子也丢进垃圾桶里。他回到家乡以后，每天和农人、樵夫一起谈天说笑。显得非常亲切，不知道的人，谁也看不出他是曾经做过朝廷宰相的人。

成大事业者有大胸怀。这样的人不会成日计较于鸡毛蒜皮，整天着眼于蝇头小利，枉费许多时间和精力。

面对误解，
我们可以选择沉默

人的一生难免要遇上难堪的误解，遭到他人不公正的批评甚至辱骂，但要记住：不要因对方一句不公正的批评或难听的辱骂，而变得像对方一样失去理智。

20世纪三四十年代，一直敏于行、讷于言的巴金先生，也曾受过无聊小报、社会小人的谣言攻击。巴金先生有一句斩钉截铁的话："我唯一的态度，就是不理！"因为受害者若起而反击，"小人"反倒高兴了，以为他们编造的谣言发生了作用。

精通哲学、文学和历史学的胡适先生在一封致杨杏佛的信中写道："我受了十余年的骂，从来不怨恨骂我的人。有时他们骂得不中肯，我反替他们着急；有时他们骂得太过火，反损骂者自己的人格，我更替他们不安。如果骂我而使骂者有益，便是我间接于他有恩了，我自然很情愿挨骂。"

巴金、胡适面对他人的辱骂所表现出的平静、幽默、宽容，不失为排除心理困扰的妙药良方。

人的一生都难免要遇上难堪的误解，遭到他人不公正的批评甚至辱骂。无论是卑鄙的、恶毒的、残酷的，你千万不要因为对方一句不公正的批评或难听的辱骂，就变得像对方一样失去理智。获胜的唯一战术，就是保持沉默，不和别人发生正面冲突，就连多余的解释也没有必要。因为在这种情况下，相互争吵辱骂，既不会给任何一方带来快乐，也不会给任何一方带来胜利，只会带来更大的烦恼、更大的怨恨、更大的伤害。退一步讲，在对骂中没有占上风的一方，当众出丑，带来的只是对自己鲁莽行为的悔恨。占了上风的一方，虽然把对方骂得体无完肤，又能怎么样？只能加深对立的情绪，加深对方的怨恨，在旁观者的眼里也不过是一只好斗的公鸡罢了。

某人曾受到上司的辱骂，心中非常愤慨。在回家的路上，装着满肚子的火气，想着如何回报这位辱骂者。无意之间他走进路边的玩具店，看见两个小学生指着一个存钱用的瓷人评头论足。遗憾的是他们对瓷人的夸张造型并不理解，可是瓷人坐在货架上对那些无知的指责无动于衷。某人望着这个瓷人，只觉得自己滑稽可笑，受点委屈连一个存钱用的瓷人都不如，还算什么男子汉大丈夫！这么一想，满肚子火气一下子不知跑到哪儿去了。而且对这个过去不屑一瞥的瓷人产生了好感，便掏钱买了一个，毕竟瓷人还有存钱的功能。

天津人有句老话："生气不如攒钱。"是的，一个人把宝贵的精力、宝贵的时间放在生闲气上不值得。

有人受了委屈，或受到他人的误解，总想当时解释清楚，通过解释去化解矛盾，洗刷自己的清白。其实这时最好不要去解释，最好的办法还是保持沉默。因为这时的解释是杯水车薪，是不起任何作用的。比如，有人说他丢了钱包，你能解释清楚不是你偷的？有人背后议论你是"白痴"、是"骗子"，你听了能解释清楚你不是"白痴"不是"骗子"？诸如此类的解释，越解释越对自己不利。

对于外界的打击辱骂，也许我们还达不到所谓"爱敌人"的修养程度，但至少也应该爱惜自己，不要让他人来影响你的情绪和健康。有关专家认为，长期积怨不但使自己面孔僵硬而多皱，还会引起过度紧张和心脏病。

说到底，发怒会破坏我们健全的思维能力，使人难以理智地看待问题。有冲动的行为，就会带来极坏的后果。因此，无论你是普通人还是伟人，面对他人的误解或是辱骂时，我们应该做出的最好反应仅仅是沉默。

PART 05

你的善良，
应该有点光芒

职场也有"宫心计"，提防小人背后使坏

俗话说："林子大了，什么鸟都有。"人的一生是摆脱不了小人的。特别是在职场，小人的伤害，往往让职场人头疼。前程无忧网曾做过一个调查：如果遇上抢功小人该怎么办？数据显示，有24.78%的人选择默默忍受；23.78%的人选择"直接向老板澄清事实"；14.06%的受访者认为应该对小人的抢功行为进行反击；有13.66%的人认为，对付小人必须发挥群体的力量，使小人再无容身之地。当然也有比较中庸的做法——12.14%的人认为惹不起躲得起，不与小人计较；仅有0.92%的人表示会迫于压力与小人为伍。

小人无处不在，最让人烦恼的是他们做事从来不光明正大，习惯在背后做小动作，暗地里捣鬼，让人防不胜防。

王先生正为计划搁浅、职位不保而苦恼着。这一切都来自他一位同事的陷害。当时，二人分别负责不同的项目，王先生负责的项目进展得较顺利些，如果他抢先

一步完成项目,那么相对来说,他那位同事的压力就会大些,在公司的地位也会逊于王先生。

让王先生没想到的是,就在项目进行到关键时刻时,突然出现了一封无中生有的告发信,信中说他在项目中贪污,管理不善。于是,引发了上级单位的一轮调查,项目也被迫中止。虽然事后调查结果证明王先生是清白的,但是他的项目却因此受到了影响。与此同时,他的那位同事负责的项目却在这个时候提前完成了。

后来,王先生得知是那位同事背后捣的鬼,但又苦于没有可靠的证据,这件事也就不了了之了。

分析一下职场小人的成长,他们也不是天生小人,在经历过失败和痛苦的蜕变后,变成了阴险小人。这一切都源于利益的驱使。在如今竞争日益激烈的社会中,我们除了努力工作,还需对身边的小人提高警惕,以确保自己的辛勤努力得到回报。当然,这并不是说让我们去做一个小人,而是在一个小人横行的社会里,我们应该学会如何避免自己受到伤害。

我们来看看一些职场人士对付小人的招数。

故事一:

小李在一家网络公司负责国外科技动态的翻译工作,时常通过网络获取信息。这一段时间,每当清晨打开电脑时,总是发现自己原来的设置被改动了,仔细查来,发现自己的电脑中竟然出现了黄色站点。按照公司规定,公司职工是不允许玩游戏的,更不用说黄色站点了。一旦发现,轻则罚款,重则开除。因为这是利用公司的资源来满足自己的欲望。

经过仔细观察，小李发现自己的座位下面总是有烟灰。全室中只有宋某一人吸烟，并且是住在公司的，嫌疑最大。经过询问其他人员，确定就是他所为。于是，在又一次发现自己的电脑被用过之后，小李直截了当地对宋某说："你愿意上网我管不着，但是不要动我的电脑，否则真出了问题你负不起这个责任。如果再动，别怪我直接找领导告你的黑状！"宋某以为小李只是猜测，故作生气地问道："你凭什么认为是我动过你的电脑，你告我，我还告你呢。""这地上的烟头都是你的，全屋只有你一个人抽烟，我没冤枉你吧！"小李理直气壮地说。宋某一看被抓住把柄，默然无语。从此，小李的电脑安然无恙了。

故事中，小李遇到的小人是为了满足自己的私欲，而嫁祸他人。对于这样的人，如果我们一味容忍，只会给自己带来更大的伤害。因此，遇到这样的小人，我们就要表明强硬的立场，让小人自动退缩。如果这种方法不见效，那么，也要给他回击，或是向相关人员报告这种情况，以免恶人先告状，到时让自己百口莫辩。

故事二：

小赵是某机关单位的临时工。一天，他的一位朋友委托小赵打印一份稿件，按照市面收费标准付钱。小赵手头正紧，想也没多想，便一口答应下来了。

一天晚上，小赵正在加班赶私活，恰巧被同事小王撞上。为了避免小王说出去,小赵便将自己接私活的事和盘托出。小王听后,便随口说:"我正巧缺几张纸,你给我拿一下吧。"小赵为了讨好小王,只好照办。

没过多久,小王又让小赵帮忙复印一些客户的资料。公司有规定,客户的资料是不能随便透漏给别人的。小王看小赵面露难色,便凑近说:"你挣的零花钱还没有请我吃饭呢。"小赵只好违心地帮了这个忙。

当小王再次让小赵帮忙时,小赵终于忍不住了:"这个忙我不能帮,再帮下去我的饭碗就保不住了。"

小王冷笑了一声:"你不帮饭碗照样保不住。"小赵被他这么一激,也只好狠下心来说:"我不怕,大不了来个鱼死网破!"小王悻悻地走了。之后,他也没再找过小赵麻烦。

职场中有这样一类小人,自以为有对方的把柄在手,便一味要求对方做这做那,对方稍有不从,小人便以告发对方相威胁。遇到这样的小人,可以采用冷漠置之的方法,或者找出对方的"辫子",明确告诉对方,彼此都有"辫子"在手,大不了,闹得两败俱伤。小人见机行事的本领特别高,碰上这样的对手,他也就不敢再那么猖狂了。

对付小人的方法有很多种,有人总结为"敌进我退,敌驻我扰,敌疲我打,敌退我追"。也就是说,面对小人,我们首先要提高警觉,尽量不给小人可乘之机。但是,如果小人真的侵犯到你的利益了,绝不能手软,要给对方致命一击,让他记住这个教训。不过呢,所谓"明枪易躲,暗箭难防"，与小人斗法，想全身而退，或是正当防卫，还真不是件容易的事。 小人最擅长放冷箭，你想以毒攻毒，恐怕招数也光彩不到哪去。 可怜大多数人都很老实，这种下三烂的招数基本上不屑用。 那该怎么办？只能同仇敌忾，联合大多数人一起对付小人。

既然大家组成联盟，一起对抗小人，难免又会有人软弱，中途退缩，如果统一战线无法建立，只好等老板英明裁决了。 可偏偏老板在这件事上不英明，你又不想放弃这个饭碗，只好忍了。 惹不起，还躲得起，尽量闪出小人的势力范围。 如果躲都躲不过，那么，估计你该换工作环境了，在一个小人横行的公司是没什么出路的。

虽然斗不过小人，你也不用担心。 多行不义必自毙，小人不会一直当道，自然有更多高手去收拾他们。

小人在我们的生活中随处可见，区别只是人们遇到的多寡不同而已。 既然我们无法避免小人的出没，那么，在与他们相处的时候，要注意以下几点：

首先，用不着跟小人针锋相对，小人最擅长的就是报复，与他们明争的结果会让他们感受到更多的威胁，从而做出更多不理智的行为。

其次，如果不能避免与他们发生冲突，那就要做好躲暗箭的准备，以防小人背后使坏。

最后，可以适当关心一下小人。 前面曾说过，小人不是天生就是小人，他们或许由于私利等原因，给别人造成伤害。 如果双方发生矛盾时，能找到一个双赢的办法，让双方达成一致，就能避免很多恶性情况发生。

换位思考，
站在领导角度想问题

林峰学的是经济管理专业，毕业后，他有两个选择，一个是到一所学校当老师，另一个是到一家大型物流公司任董事长助理。林峰毫不犹豫地选择了后者，在任职那天，前任助理告诉他："小伙子，在这里简直就是浪费时间！"

所谓的助理其实就是个打杂的，主要负责收发公文、做会议记录、安排董事长的行程等。虽然他知道了自己以后的工作，但还是认为可以在这个当地赫赫有名的企业家身边学到东西。

同样的工作，在不同人的眼中却有着天壤之别。作为董事长助理，林峰每天都能接触到公司的决策文件，他从这种文件中认真地学习领导处理问题的思路。还有厚厚的会议记录，也让他认识到了一个企业是如何经营的。他常对别人说："再没意思的工作，用老板的眼光来看待，也能看出价值所在。"

五年过去了,说"浪费时间"的那个助理不知去向,而李林已经成为一家年盈利超过 1000 万元的公司老总。一个初出茅庐的小伙子,就是因为站在领导的角度看世界,努力学习、勤奋工作,最终才促成了他日后的辉煌!

站在领导的角度想问题,实质上就是一种换位思考,就是设身处地为领导着想。领导看待问题的角度肯定和你不一样,领导关注的绝对要比你更全面。作为一个下属,一个想成为领导臂膀,想打造自己权力后盾的下属,我们必须学会洞察领导的心理,站在领导的角度想问题。换位思考,让自己和领导站在同一思维起点上,也许你会发现自己越来越受领导"待见"了!

换位思考,也就是心理学上的"同理心",简单地讲就是站在对方立场思考问题的一种方式。具体来讲就是在沟通时把自己当成沟通对象。站在对方的角度看待问题。因为已经换位思考,所以也就很容易理解和接纳对方的心理。

沟通的最高境界是心与心的沟通,是真诚的沟通。在沟通中,同理心尤其重要。英国谚语说:"要想知道别人的鞋子合不合脚,穿上别人的鞋子走一走。"工作中出现沟通不畅的问题多半是因为所处不同的立场、环境所造成的。如果能用同理心换位思考,事情也许就会得到很好的解决。

"换位"从客观上要求我们将自己的内心世界,如情感体验、思维方式等与对方联系起来,站在对方的立场上思考问题,从而与对方在情感上得到沟通!

换位思考是人际交往的基础,也是进行有效沟通的基石。具备"同理心"更容易获得领导的信任,这种信任并不是对个人能力、专业技能的信任,而是对人格、价值观、态度的信任。其中很重要的一点就是站在领导位置上看问题。

一个人在工作中,他的贡献或者他的价值,主要都是由他的领导来评价的,评价的标准自然也是领导设定的。领导是一个组织的主宰者,也是所有资源的分配者。资源怎么分配、分配的办法大多是由他说了算的,所以领导是非常重要的,这就要求我们重视领导、重视自己,更要重视从领导角度看待一切问题!

国际人力资源管理顾问安东尼博士在上人力资源管理课时说:"企业家是世界上最苦、最累、最孤独、最不容易的人。当你将一件事看成是事业的时候,就算有千万种困难,你都必须去解决;就算有多苦,你都要坚持下去;就算和你一起战斗的战友一个个舍你而去,只要你一息尚存,就必须熬下去。"

事实上,所有的领导都是如此,领导对自己的一切资源都视若生命,只有明白了这个道理,你才能真正做到换位思考。

有一位年近五旬的开发商,从楼盘打地基到100多栋楼拔地而起天天都在现场第一线指挥,从没休息过半天。一次,楼盘的游泳池刚建成,第一次灌了满池的水清洗消毒,但水却放不出去。工程师们百思不得其解,这时,满脸疲惫的老企业家指着池底说:"可能是下面的出水口堵塞了。"这些专业的工程师都说不可能，他二话没说就跳进了脏兮兮的游泳池，很快就从水里挖出一个塑料袋："我没说错吧，就是这个袋塞住了出水口。"全场寂然。

　　大家心里无比震撼，到底是什么原因驱使这个身价过亿的老板有如此勇气跳进满是苏打水、消毒水和泥沙的水池里呢？其实，只要做个换位思考，我们就不难发现问题的所在，但是又有多少人能真正像老板那样去为了工作"拼命"呢，只有把领导当作自己的朋友，而不是领导手中一颗可有可无的棋子，才能成为领导重视的人，才能有更好的发展，才能打造属于自己的权力后盾！

　　那什么才是真正地站在领导的角度想问题呢？

　　不为失败找借口，不为成功找理由。你站在什么岗位上就该做好什么事，如果你的项目出了问题，那责任只能是你的。之所以失败，你就是最大的失误；如果成功了，也是你分内的事，会下蛋是一个母鸡应尽的责任和义务。所以检验你是不是真正把自己放在一个领导者的角度想问题，首先要看出了问题后你的态度。不为失败找借口，不为成功找理由，如果你还在找什么客观原因，那就说明你还没有真正站在一个领导的角度想问题！

　　是不是充分信任你的同事。如果一个工作需要你和同事一起完成，除了尽责做好自己的事，还要充分信任你的工作伙伴。领导看重的是结果，也就是最后你们拿出来的东西，对于过程老板一般是不会关注的，这就需要你多和同事合作，相信集体的力量，而不能搞什么"个人英雄主义"！信任你的伙伴，是完成一个工作的首要前提，更是站在领导者位置想问题的"试金石"！

　　要进入忘我的境界，投入一个公司或者单位，首先要把自己融入进去，记住，你已经不再是你自己了，而是一个团队的一分子。不能再想我要怎么怎么样，而要想我们怎么怎么样！假如你的公司是搞房地产的，看到一块地，你就应该考虑我们公司如何在这里建房子，而不是我买这块地要花多少钱！

善于隐匿，
谨防自己沦为"炮灰"

《三国演义》中，有一段"曹操煮酒论英雄"的故事，大家耳熟能详。

刘备受汉献帝器重，防曹操迫害，就整日在住处后园种菜。关羽和张飞二人不明白，责怪刘备不关心天下大事，反而做这些小事。刘备则说："此非二弟所知也。"关、张二人便不再多言。

一天，关羽和张飞不在，刘备正在后园浇菜。许褚、张辽等人进入园中，邀请刘备去曹操处喝酒。二人对坐，开怀畅饮。酒至半酣，二人遥看天上变幻的风云，好像神话中传说的龙一样奇妙。曹操感叹地说："龙这种东西，好比世上的英雄。使君啊，你来说说看，当今世上，有谁能够称得上英雄？"

刘备问："袁术拥有淮南，兵广粮足，算得上英雄吗？"

曹操摇了摇头。

刘备又问:"荆州的刘表、益州的刘璋、江东的孙策,以及张绣、张鲁、韩遂等人,他们算得上英雄吗?"

曹操不停地摇头。

刘备又问:"袁术的堂兄袁绍,虎踞河北,麾下人才济济,应该算得上一个英雄吧?"

曹操说:"袁绍看上去厉害,其实胆子很小。虽然他有很多聪明的谋士,可他自己却欠缺一个领导人应有的决断能力。像他这种人啊,干起人事来总是不愿意付出,见到一点小利益却又不顾危险,不算是什么真英雄。"

"那么,究竟谁能够称得上当世英雄呢?"曹操用手指向刘备,然后又指指自己,说了一句令人莫名惊诧的话:"当今天下英雄,唯使君与操耳!"

刘备听了,心中一惊,手上拿的匙箸掉在了地上。当时正值大雨将至之际,突然雷声阵阵。刘备缓了一下神儿,从容地捡起匙箸,说:"被雷声惊着了。"曹操大笑:"没想到大丈夫也害怕打雷。"刘备赶忙说道:"圣人听到雷声,脸色都会变,更何况是我了。"刘备几句话,就把刚才失箸的事轻轻掩饰过了。曹操也没有怀疑。

刘备深知,在曹操的势力范围内,只要自己稍微表现得突出一点,就会招来杀身之祸。他能乖乖地躲在后园种菜,不过是麻痹曹操,使其放松戒心而已。刘备用的这招,便是藏巧于拙。

在《三国演义》中,有才能的人很多,有"心计"的人却不多。 关羽、张飞二人也算有才,但却读不懂刘备的良苦用心；孔融、杨修也有才，他们却因为不善隐藏自己，死在才能之上。刘备看似有些软弱，却是真正有智慧之人，否则也不会在三国风流人物中脱颖而出，被曹操公赞为英雄。

有些人是真有本事，故意隐匿；有些人却狐假虎威，自以为了不起。前者为成大事，故意表现得谨小慎微；后者成不了大事，却故意制造声势，借此炫耀，以提高自己的地位。

春秋时期，齐国宰相晏婴有一个车夫总以为能给宰相驾车是很了不起的事。不仅在官道之上驾车如飞，即使在城里拥挤的街道上，也照样驾车如飞。遇有挡道行人，举鞭即打，如扫草芥；张口即骂，如训猪狗。

一天，车夫回到家里，妻子对他说："晏子身为宰相，德高望重，我看他坐在车上，总是那么端庄谦虚。可你呢，一个车夫，却显得神气十足。你这个样子与晏子的形象太不相称了，就连我都感到羞愧！"车夫听了妻子的话，羞愧地低下了头。妻子接着说："做人不能没有修养，你应该向晏子学习谦虚的修养才对呀。"妻子的话让车夫深受启发，从此以后，车夫也变得谦虚有礼了。

大人物尚且懂得谦虚做人，小人物却爱在人前夸耀，这都是人的虚荣心在作怪。纵观古今，很多实例证明，太过高调的炫耀，不但给自己带来不了荣耀，反而会成为大家攻击的对象。

《新闻晚报》上，曾报道过这样一则新闻：年仅20

岁,住着豪宅,开着豪车,各类名牌堆满房间……一个名叫郭美美的女孩进入大众的视线。她将自己奢华的生活公开到网络上,特别是她称自己是"中国红十字会商业总经理",而在网络上引起轩然大波。尽管最后中国红十字会称"郭美美"与红十字会无关,新浪也对实名认证有误一事而致歉,但是"郭美美"这三个字已经成为网络炫富的代名词。

郭美美炫富了,结果呢?不但没有收到她所预期的那份虚荣,反而成为众人攻击的对象,而且中国红十字会也受其影响,损失惨重。 在这件事中,郭美美得到了什么?除了成了网络红人,背负骂名之外,她什么都没得到。

无独有偶,"副县长女儿炫富"事件继郭美美事件后,也成为网络热议的焦点,网上爆料称某副县长女儿贴出来的照片中,右手挎一个橘红色爱马仕包,左手提一个LV大旅行包。 结果引发网友纷纷质疑:副县长女儿的钱哪来的?

"副县长女儿炫富"无疑触痛了大众的神经。 凡是与权力和财富沾边的新闻,都能引起人们极大的兴趣。 这其中有真正的质疑者,也有幸灾乐祸唯恐天下不乱之人。 尽管事后,当事人澄清,所谓"炫富"的包都是在淘宝网上买的山寨货,每个包的价格都在90元左右。 但这件事却造成被波及的两家网店关门,副县长及其女儿陷入舆论的旋涡,纪检委介入调查。 本想在大众面前秀一把,没想到,虚荣没捞到,却换来一些骂名。

真正富有的人大多很低调,他们不会有事没事拿自己的财富显摆，而会拿出一笔钱去做慈善。财富如此，才华也是如此。不善隐匿，还喜欢没事拿出来显摆，只会让自己沦为众矢之的。

老子曾说："良贾深藏若虚，君子盛德容貌若愚。"也就是说，善于做生意的商人，总是隐藏其宝货，不让人们轻易见到；而君子之人，品德高尚，却表现得很愚笨。这就告诫人们，不要过多炫耀自己的能力，将欲望或精力不加节制地滥用，对自己是毫无益处的。

在旧时的一些店铺里，真正的宝物大多不摆在店内，真正遇到识宝的行家，老板才会把宝物拿出来。倘若把宝物随便摆在店内，岂不会遭贼惦记？

不管是商品，还是做人，都要如此。"满招损，谦受益"，说的也是这个道理。

藏巧于拙，
低姿态是最佳的自我保护之道

春秋时期，一个木匠带着几个徒弟到齐国去。师徒一行走到山路的一个拐弯处，看见一座土地庙，旁边有一棵高大无比的栎树。大到什么程度呢？它的树荫可以容纳几千头牛在树下休息，树干又粗又直，在几丈高之后才能见到分枝，而这些树枝粗到可以用来做造船材料的就有好几十枝。许多路人都在围观，连声称奇，只有这个木匠瞄了一眼，扭头就走。

徒弟们不得其解，追上师父，问道："生平从未见过这么高大华美的树木，师父怎么看都不看就走了呢？"

木匠回答："这棵树没什么用。用来造船，船会沉；做棺材，棺材会腐烂；做器具，器具会破裂；做门窗，门窗会流出汁液；做柱子，柱子会被虫蛀。正是因为它没有用，才会这么长寿，这么高大。"

晚上，木匠梦见这棵大树对他说："你怎么能说我没用呢？你想想看，那些所谓有用的橘树、梨树和柚树，在果实成熟时,就会被人拉扯攀折,树很快就会死掉。一切有用的东西无不如此。你眼中的无用,对我来说,正是大用。假如我像你所说的那样有用,岂不早就被砍了吗?"

木匠醒来,若有所悟。他把这个梦告诉了徒弟。徒弟问道:"它既然向往无用,为什么要长在土地庙旁边呢?"木匠答道:"如果它不是长在庙旁边,而是长在路中央,不也早就被人砍掉当柴烧了吗?"

当环境不利于生存时,许多人想明哲保身,但也需要大智大勇。强出头、锋芒毕露,还妄想不遭人忌,那是不太可能的。所以要学会放低姿态。

所谓的"低姿态",讲的是我们在社会交往中所表现出的平和、谦逊、圆融及忍让等言行举止。有些时候,这种低姿态对于保护自我是必不可少的。

初涉世的年轻人往往个性张扬,率性而为,不会委曲求全,结果可能是处处碰壁。而涉世渐深后,就知道了轻重,分清了主次,学会了内敛,少出风头,不生闲气,专心做事,保持生命的低姿态,避开无谓的纷争,避开意外的伤害,更好地保全自己,发展自己,成就自己。

低头认输,对一个人来说或许很难,因为我们自打出生起就被教育要坚强不屈,勇往直前,不准轻易认输,总之是打造一个硬汉的形象。然而,人生道路上,磕磕绊绊的事谁能遇不到?谁没做几件错误的事?明知错了还宁死不肯回头,那才是愚蠢。发现错误,敢于回头,这是种勇气,更是种智慧。人生的道路不可能是笔直的,需要走弯路的时候就选适当的小路，这样或许会更接近目标；前方无路可走的时候，不妨退回来，而退却，是为了更好地前进。

隋朝的时候，隋炀帝十分残暴。各地农民起义风起云涌，隋朝的许多官员也纷纷倒戈，转向农民起义军。隋炀帝的疑心很重，对朝中大臣，尤其是外藩重臣，更是易起疑心。唐国公李渊（即唐太祖）曾多次担任中央和地方官，所到之处，有目的地结纳当地的英雄豪杰，多方树恩立德，因而声望很高，许多人都来归附。这样，大家都替他担心，怕遭到隋炀帝的猜忌。正在这时，隋炀帝下诏让李渊到他的行宫去觐见。李渊因病未能前往，隋炀帝很不高兴。当时李渊的外甥女王氏是隋炀帝的妃子。隋炀帝向她问起李渊未来觐见的原因，王氏回答说是因为病了，隋炀帝又问道："会死吗？"王氏把这消息传给了李渊，李渊更加谨慎起来：他知道隋炀帝对自己起疑心了，但过早起事又力量不足，只好低头隐忍，等待时机。于是，他故意广纳贿赂，败坏自己的名声，整天沉湎于声色犬马之中，而且大肆张扬。隋炀帝听到这些，果然放松了对他的警惕。

试想，如果当初李渊不主动低头，很可能就被猜疑他的隋炀帝给除掉了，哪里还会有后来的太原起兵和大唐帝国的建立？

老子说，当坚硬的牙齿脱落时，柔软的舌头还在。 柔弱胜过坚硬，无为胜过有为。 我们学会在适当的时候保持适当的低姿态，绝不是懦弱畏缩，而是一种聪明的处世之道，是人生的大智慧、大境界。

暴露缺点并非坏事

近年来，军旅题材电视剧火爆荧屏，从《历史的天空》《激情燃烧的岁月》《突出重围》《垂直打击》《亮剑》再到《我的团长我的团》，收视率与口碑都取得了不错的成绩。细心的观众会发现，这些军旅题材电视剧有一个显著的特点，就是抛弃了以往"高大全"式的虚假理想人物形象，塑造了一批有缺点的英雄人物形象。正是因为这些缺点，让观众看到了一批有血有肉、鲜活生动的形象。

《历史的天空》中，姜大牙"好起来像个大侠，坏起来像个强盗"，是一个兼具豪气与匪气的人物。《激情燃烧的岁月》中的石光荣，草莽出身，性格粗鲁，为人固执，刚愎自用，虽然是战场上的常胜将军，但在处理与家人的关系中一直磕磕碰碰。《我的团长我的团》中的那些军人，目无军纪，酷似一群流民，许多人连枪都不会使，连常规的战法也不明白，见到了小鬼子吓得两腿发颤，只晓得逃窜，像一群没头的苍蝇。然而就是这样一群人却创造了一个奇迹：他们打败了侵略者，成了保家卫国的英雄。

《亮剑》中的李云龙更具传奇色彩，一个泥腿子出身、不按常理出牌的人，竟然成了敌人闻之丧胆的头号人物。写过《血色浪漫》的编剧都梁曾说，《亮剑》中李云龙形象跟以往军人不同的是"亦正亦邪"，一方面是个铁血战士，另一方面又有农民式的狡猾性格，这在以前的作品中是鲜见的。剧中李云龙的扮演者李幼斌则认为，李云龙是"英雄"而不是"硬汉"。他的性格是多面的，打起仗来骁勇善战，跟上级常耍点心眼儿，是很歪很邪的那种。这样的形象就远比"三大纪律八项注意"的完美军人更有看点。

实际上，"金无足赤，人无完人"，十全十美的人在这个世界上是不存在的，剧中那些英雄人物形象正是因为自身的不完美才让观众觉得真实、可爱。反而，太过完美的人物让人觉得虚伪、不真实。这种心理不仅在观看影视剧时有所体会，在人际交往中也有所体现。心理学研究表明，在人际交往中，人们并不喜欢那些在他人面前表现得完美无缺的人，而最受欢迎的恰恰是那些把真实的自我袒露在他人面前的、有一些小小缺点的人。

有位著名的心理学教授做过一个实验，他把四段情节类似的访谈录像放给被测试的对象：

在第一段录像中，接受主持人访谈的是个非常优秀的成功人士。他在自己所从事的领域里取得了辉煌的成就。面对主持人的提问，他表现得谈吐不凡，相当自信。他的表现赢得台下观众阵阵掌声。

在第二段录像中，接受主持人访谈的也是位非常优秀的成功人士，当主持人向观众介绍他所取得的成就时，他表现得很紧张，而且略带羞涩。面对主持人的提问，他紧张得竟然碰倒了桌子上的咖啡。

在第三段录像中，接受主持人访谈的是位非常普通的人，他没有前两位成功人士那样有着骄人的成绩。在主持人的访谈中，他虽然不太紧张，也没有什么吸引人的发言，整个访谈平淡无奇。

在第四段录像中，接受主持人访谈的和第三段录像中所放的一样，也是个很普通的人。在采访的过程中，他表现得非常紧张，和第二段录像中一样，他也把身边的咖啡杯弄倒，浇湿了主持人的衣服。

四段录像放完后，教授让被测试者在这四个访谈对象中选择一个他们最喜欢的人，同时选出一位他们最不喜欢的人。

测试结果出来后，答案没什么悬念，第四段录像中那位先生成为测试者们最不喜欢的人。可令人奇怪的是，测试者们最喜欢的那个人不是第一段录像中那位几乎没有任何缺点的人，而是第二段录像中那位紧张、略带羞涩的成功人士。

这个试验印证了一个理论：对于那些成功人士来说，有些失误或细小的差错，比如打翻咖啡这样的小事，不但不会影响他在人们心目中的地位，反而让人们在心底感觉到他很真诚；而一个表现得越完美的人，越让人觉得不真实，这种不真实恰恰会降低他在人们心目中的信任度。

有位大学毕业生，在简历上写下了"不太合群"的弱点，有人提醒他，应该美化自己，怎么能暴露缺点呢！这名大学生没有听从大家的忠告，毅然写上了自己的弱点。然而意想不到的是，他被招聘单位录取了，录取的原因也很简单，倒不是因为他有多么优秀，而是因为他敢于实事求是地说出自己的个性弱点，这种实事求是的精神恰是这个单位要求并欣赏的。看来，有时暴露自己某方面的弱点不但不会让自己处于劣势，反而是一种有益的处世之道。

其实，这个道理很简单，示弱可以减少很多不满和嫉妒。一些事业上的成功者，生活中的幸运儿，他们得到的一些东西往往是一些人渴望又达不到的。人们往往有一种"酸葡萄"的心理，吃不着葡萄，就说葡萄酸。既然这样，想要建立良好的人际关系，就要学会通过暴露一些缺点的方式将其消极作用减少到最低限度。

小王最近的工作老出问题，被经理批评了好几次。但他在这件事上并不辩解，反而恭恭敬敬地接受经理的批评。后来，同事们发现，小王跟经理相处得很融洽。工作之余，俩人有说有笑，还常一起相约去吃饭。

同事们有些不解，好奇心比较强的小黄悄悄问小王是怎么搞定经理的。小王笑着说："其实经理人不错，只是喜欢好为人师，爱摆弄领导权威罢了。我的业务能力一直都比较强，经理虽然也常赞许我，但是大家相处得很紧张。当我想明白了这点后，我会适当地示弱，常向经理请教问题,对于工作中出现的'失误',我也乐于接受他的批评。事实证明我是对的。接受过几次批评之后,我和经理交流得多了,以前的很多成见和误会也消除了,双方的关系反而变得很融洽。"

在处理与领导关系的问题上,小王表现得很聪明,他故意暴露一些无关痛痒的缺点,出点小洋相,让经理抓住一些"把柄",满足领导爱摆弄权威的虚荣心,结果营造出一个和谐的人际关系氛围。

宁可得罪君子，
也不要得罪小人

人际交往中，难免会得罪人。如果你得罪的是一个君子，只要你态度诚恳，及时认错，他们就能原谅你。但得罪小人，可就要小心着点了。

人们常说，宁可得罪君子，不可得罪小人。这话说得不是没有道理。在一般情况下，人们的普遍心理都是多一事不如少一事。小人却不同，他们有恃无恐，你越是躲着他，他越追着你不放，你越怕什么，他就给你制造什么。

人们常说"小人嘴脸"，小人是什么嘴脸呢？用得着你的时候，他们能卑躬屈膝，一副奴才相地巴结你。用不着你的时候，他们也有过河拆桥，卸磨杀驴的气魄。什么"当面一套，背面一套""阳奉阴违"，这都是小菜一碟，小人的本事不只这些。

看过《红楼梦》的人，会发现书中有两个典型的小人代表，一个是贾雨村，恩将仇报，落井下石；另一个是贾环，小人得志，上蹿下跳。相比之下，贾雨村比贾环更小人，贾雨村把落井下石美化成大义灭亲，把自个儿伪装得很高尚，不过伪装得再好，狐狸总是要露出尾巴的；而贾环曾经也是一个很单纯的孩子，想得到祖母和父亲的宠爱，但是因其是庶出的身份，所以他心理很不平衡，便千方百计想陷害宝玉，将其置之死地。后来，贾家落败，贾环又把巧姐卖到了妓女坊，幸好刘姥姥相救，巧姐才最终脱险。

小人的心理路程很复杂，他们大多都记仇，而且报复心极强。他们能将这种报复心理藏得极深，甚至能深入骨髓，等时机来到，立马跳出来，睚眦必报。恩将仇报的小人很多，只是他们大多情况下都伪装得很好，让人不易察觉。一旦他们露出真面目，他们绝不手软。

虽然我们对小人深恶痛绝，不愿意与其打交道，但是，不管你愿不愿意，都不可避免地要与小人打交道。当你在与小人打交道时务必考虑周全一点才好，最好不要与他发生正面的冲突。论实力，小人并不强大，但他们不择手段，什么下三烂的招数都可能使出来。如果冲突起来，纵使赢了小人，也会付出代价，惹得一身腥。因此，记住一点："待小人要宽，防小人要严。"跟他们打交道时，少说多听，不轻易许诺，不轻易褒贬他人，对小人的缺点千万不要批评。特别是不要与小人有过密的交往，对于小人的一些无理要求，能办的一定要办，不能办必须婉言谢绝，绝对不能留下似是而非的话头。

平定"安史之乱"后，功高权重的郭子仪为防小人嫉妒，行事比以前更加低调。

一次，郭子仪生病了，朝中有一个地位比他低的官僚要来拜访。此人乃历史上声名狼藉的奸诈小人卢杞。他相貌奇丑，生就一张铁青脸，脸形宽短，鼻子扁平，两个鼻孔朝天，眼睛小得出奇，时人都把他看成是个活鬼。正因如此，一般妇女看到他都不免掩口失笑。因家中侍女成群，郭子仪事先做了周密安排。郭子仪听到门人的报告，立即让身边人避到一旁不要露面，他独自在病榻等待。

卢杞走后，姬妾们又回到病榻前问郭子仪："许多官员都来探望您的病，您从来不让我们躲避，为什么此人前来就让我们都躲起来呢？"郭子仪微笑着说："你们有所不知，这个人相貌极为丑陋，而内心又十分阴险。你们看到他万一忍不住失声发笑，那么他一定会心存嫉恨。如果此人将来掌权，我们的家族就要遭殃了。"

后来，这个卢杞当了宰相，极尽报复之能事，把所有以前得罪过他的人统统陷害掉，唯独对郭子仪比较尊重，没有动他一根毫毛。

这件事充分反映了郭子仪对待小人的办法既周密又老练。也许你对小人的龌龊行径很不屑，但是你不得不承认，小人的阴险手段很高超。你任何的小疏漏，都可能成为小人置你于死地的借口。如果你不能和小人一样阴暗，你就不要得罪他。

想要避开小人，需要先了解小人，不是我们主动认输，而是实在没必要把精力浪费在一些没有意义的争斗上。那么，怎样识别小人呢？我们来看看高手支的招。

其一，看其心胸。

一般来说，小人都是心胸比较狭隘的人，他们之所以对人充满仇恨，就是因为他们不能对他人的优秀之处投以由衷的赞叹。只要一有可能就忍不住要去捣乱一番。因此从他们的心胸上可以看出是否小人。

其二，看其对权力的态度。

不管在什么情况下，小人的注意力总会拐弯抹角地绕向权力，在当权者面前表现出一副奴才相十足的态度。尽管他们的言辞表面上是为当权者着想，实际上只想着当权者手上的权力和权力背后自己有可能得到的利益。因此看其对当权者的态度也会明白他们的特征。

其三，看其对麻烦事的态度。

生活中，许多人都是远离麻烦事，或者想办法把大的麻烦事化小，小的麻烦事化了。可是，小人却不同，越是麻烦事掺和得越厉害，并且还要让麻烦变大升级。因为他们知道越麻烦越容易把事情搞混，越可以趁机取利。

其四，看其胆量。

小人其实在本质上是非常胆小的，他们不是明火执仗的强盗、杀人不眨眼的刽子手。他们的行动方式大都是鬼鬼祟祟的，因为担心他人报复自己便连续不断地伤害他人。这是他们缺少安全感的表现。

其五，看其手段。

小人在处于弱势时，总是极力装出一副十分委屈的样子，声音哽咽，双眼含泪，甚至下跪磕头。其实目的是骗取你的同情心。等他的目的达到后，马上又是一副趾高气扬的模样。而且小人善用谣言，以讹传讹制造混乱的气氛。

其六，看其下场。

小人终归是小人，他们根本就没有运筹帷幄的能力，也没有统领全局的大将风度，事情往往被他们搞大后，他们会六神无主，不知如何控制局面。

通过以上这些方面，你可以观察到什么样的人符合小人的特征。

与上司抢风头，
无异于自毁前程

乾隆年间，除了和珅、刘墉之外，纪晓岚因其过人的才智而名扬全国，他也深得皇上赏识。

一天，乾隆宴请大臣。当时，大臣们吃得很开心，饮得也很畅快。乾隆诗兴大发，出了一个上联："玉帝行兵，风刀雨箭云旗雷鼓天为阵。"

乾隆皇帝问在座百官，谁能对出下联。许久，都没有人对出。看到这种情况，乾隆皇帝很高兴。为了显示自己的才华，他点名要纪晓岚对下联，如果纪晓岚对不出，看他出出丑也好。不料，纪晓岚不慌不忙，对出了下联："龙王设宴，日灯月烛山肴海酒地当盘。"话音刚落，群臣一片赞叹。

乾隆皇帝却不高兴了。他面有怒色，半天不语。大家都很纳闷这皇上是怎么了。纪晓岚当然明白是自己得罪了皇上，便接着说："圣上为天子，所以风、雨、云、雷都归您调遣，威震天下；小臣酒囊饭袋，所以希望连日、月、山、海都能在酒席之中。可见，圣上是好大神威，而小臣我只不过是好大肚皮而已。"

乾隆一听，立马笑了，连忙表扬纪晓岚，说："饭量虽好，但若无胸藏万卷之书，又哪有这么大的肚皮？"

乾隆作为一个很有才华的一国之君，很喜欢卖弄他的文采，当然不希望被臣子比下去。而纪晓岚又确实是一个很有才华的人，如果纪晓岚太出众，抢了皇帝的风头，肯定会惹怒了皇上。还好，纪晓岚及时发现了自己的错误，并有意抬高乾隆，贬低自己。最后，君臣一唱一和，皆大欢喜。

其实，一个人的成长和进步都离不开领导者的栽培和提携。想要获得领导的欣赏，与之相处之时首要一点就是维护他的权威，懂得他内心深处的需求。只有体察到他的行事意图，才能够成为领导工作中的得力助手，不会因不慎的言辞使自己的事业横生枝节。

古人常用"伴君如伴虎"来表明臣子与君王相处时的微妙关系。今日身在职场，仍然要学会与领导相处的技巧。特别是一定要在各方面维护领导的权威，不要恃才傲物，成为领导眼中钉。对于工作中所取得的成绩，在给你带来一定的荣耀的同时，还不能忘了把这份荣誉归功于上司，把鲜花让给上司，把众人的目光引到上司身上。否则，独享荣耀的后果，会严重影响你在公司的人际关系。

艾米是某杂志社编辑，很有才华，她所负责的版面一直很受欢迎。在一次业内举办的评奖中，艾米获得了创新奖。她非常高兴。但不久之后，她就失去了笑容，原因是最近她的上司常不给她好脸色看。

朋友帮她分析。这次艾米得了创新奖，对整个杂志社来说，是一件好事，艾米因此得到了上级领导的表扬。杂志社除了给她发一大笔奖金外，还另外给了她一个红包，并当众表扬了她的成绩，说她是主编的料。没想到艾米一时高兴过了头，拿钱请了部门的同事，唯独忘了感谢自己的直接上司王主编。王主编认为艾米抢了他的风头，因此对她产生了戒备心理。

听了朋友分析，艾米才恍然大悟。

平心而论，艾米的成功是自己努力的结果。但是她犯了一个很低级的错误，拿了奖忘了上司的功劳。即使功劳都是她自己的，表面上她也必须将荣誉给自己的上司。这个道理很简单，艾米的锋芒对上司构成了威胁，使上司没有了安全感，艾米以后在人家手下自然没有好日子过了。

身处职场之中，争强好胜本没什么错，但如果你抢了上司的风头就有些不太明智了。上司能爬到今天的位置，都曾付出了数不清的艰苦与努力，自然会有一种无论在任何场合都想做主角的欲望，那么，你忽略上司的这种心理，只会惹来上司的愤恨。

如今，得罪上司会丢了饭碗，要是换成在封建社会，可是会掉脑袋的。

富凯是法国国王路易十四的财政大臣。他是个生性爱挥霍的人，生活中经常充斥着奢华的宴会、漂亮的女人以及笙歌燕舞。富凯精明干练，是国王不可或缺的大臣，因此在首相马萨林去世时，他满心以为自己会被任命为继任者，没想到国王竟决定废掉首相的职位。

富凯怀疑自己已失宠，因此他决定策划一场前所未有、场面壮观的宴会来讨国王欢心。当时欧洲最显赫的贵族以及最伟大的学者都参加了这场盛大的宴会，宴会上的珍馐佳肴令客人们大开眼界。莫里哀甚至为了这次盛会写了一部剧本，并亲自表演。

宴会一直延续到深夜，宾主尽欢，所有人都认为这是最令人赞叹的盛事。然而，这次空前盛大、豪华的宴会并没有达到富凯的预期目的，他不但没有得到期望中的升职，反而在第二天一早就被国王下令逮捕了。

不久，富凯被以侵占国家财富的罪名囚禁，在一所与世隔绝的监牢里度过了人生最后的时光。

富凯为何会有如此下场？答案很简单。国王本来就傲慢自负，他不能容忍别人在任何方面超过自己，富凯这一行为，只能是自取其辱。

身在职场中，如果不锋芒毕露，可能永远得不到重用；可是，锋芒太露又易招人陷害。锋芒毕露的人虽然取得了暂时成功，却为自己掘好了坟墓；虽然施展了自己的才华，却也埋下了危机的种子。所以，当你在工作上有特别表现而受到肯定时，千万记住不要锋芒毕露，否则这份锋芒会为你带来人际关系上的危机。

其实，没有特殊的原因，员工都会非常尊重自己的上司。只是有时候，你不经意的行为就会让上司觉得你不尊重他。一旦给上司留下了这样的印象，你在上司心里就贴上了诸如"傲慢""狂妄"等标签。遇到那些人品不咋样的领导，他们还会背后给你穿小鞋，甚至找借口将你辞退。

电影《与时尚同居》就讲述了这样一个故事：某杂志副主编周小辉（周渝民饰），才华横溢，在出席一次活动时，因太过张扬，抢了上司的风头，结果遭受上司（谭咏麟饰）忌讳，被上司耍手段解雇。

抢上司的风头，无异于自毁前程。上司也是人，喜欢摆弄权威，特别是当员工对他们所说的话完全服从时，更会满足他们心里的那份虚荣心。因此，当员工面对上司发号施令的时候，要表现出严肃的表情，并停止手头上的工作，保持安静，以示自己对上司的命令表示服从。如果此时再平和地看着上司，让上司感觉你很重视他的讲话，那么更会让上司觉得备受尊重。反之，当上司慷慨陈词的时候，你偷着做小动作，或者依然忙着工作，这就是明显不尊重上司的表现。上司也许嘴上不说什么，但是，你的"罪行"已经在他心里留下阴影了。所以，当上司发号施令的时候，一定不能犯这个低级错误。

即使上司给你安排的工作让你很不情愿，但仍然不要表现出一副爱搭不理的模样。你的态度会让上司觉得很不舒服，似乎在针对他的工作，你就因此得罪他了。

有人深谙这种职场之道，因此在仕途发展上如鱼得水。

朝南和李鹏都毕业于名牌大学，两人刚入职时又都担任了总经理助理的职务，能力不相上下。但几年下来，两人的际遇却大不相同。朝南成了总经理身边的红人，从一个小职员升为部门经理，李鹏仍然是个普通职员。

为什么会这样呢？究其原因，就是两人在处理与领导关系上做法截然不同。朝南工作时总有不尽如人意的地方，每次总经理一点拨，他都能做得很完美。而李鹏不想劳烦总经理，就尽力把每次工作都做得挑不出毛病。

几年后，朝南受到重用，又高升了一步。有人便向他请教其中的奥秘，朝南微笑，道破天机："如果你的水平、才能与领导一样高，甚至比领导还高明，那还要领导干什么？"

在领导身边工作，脑子要好使，机灵，会随机应变，否则会被领导认为是没用的人。但如果你太优秀，光芒四射，高人一筹，又会遭到领导的忌恨。朝南就是这样以退为进，主动贬抑自己来显示领导的高明，从而使领导获得了某种心理上的满足感和成就感，进而使自己晋升成功。

聪明的下属不一定非要揣摩清楚领导的意图，但是要了解领导那种微妙的心理，懂得如何适时地把自己的功劳归于上司。虽然这样做会有委屈自己和逢迎拍马之嫌，但这就是职场,谁让你是下属,而他是上司呢?做上司的光芒如果还不如下属夺目,这样他们颜面何存?因此,抢了上司的风头,会让上司感到恐惧和不安,上司自然容不下你。因此,你要做的就是想办法让你的上司看起来比自己要高明得多,不让他们觉得你对他是有威胁的。做到这些,你的职场之路会顺畅很多。

PART 06

一颗灰暗的心
托不起一张灿烂的脸

情绪控制
带来和谐与成功

　　成功是全方位的，它包括情绪的愉悦、身体的健康、家庭的幸福、经济的独立以及良好的人际关系等。不管任何人，不管他拥有多少金钱、多高的社会地位、多么大的知名度，如果他本人没有学会调节情绪、控制感受，如果他不能从所谓的成功中得到快乐，那他就不能算真正成功。即使勉强算是成功，那他的成功也没有意义。试想一下，一个整天面无表情，到哪里都板着面孔的人，就算他拥有全世界，那又有什么意义呢？

　　自古以来，成就大业的人都是情绪控制的高手。俗话说：将军额头能跑马，宰相肚里能撑船，意思也就是说像将军、宰相这样的顶级成功人士都具有开阔的心胸，能容忍别人，能很好地控制自己的情绪，不会轻易被别人所激怒，不会被别人牵着鼻子走。

　　相反，如果你整天为鸡毛蒜皮的小事而生气，条件反射般地对别人的刺激做出剧烈的反应，那么你哪里还能有精力、有心思去干大事？你哪里还有心情搞好工作呢？

20 世纪 60 年代早期的美国，有一位很有才华且曾经是大学校长的人，竞选美国中西部某州的议会议员。此人资历很高，又精明能干、博学多识，非常有希望赢得选举的胜利。

但是，一个很小的谎言散布开来：3 年前，在该州首府举行的一次教育大会上，他跟一位年轻的女教师"有那么一点儿暧昧的行为"。这其实是一个弥天大谎，他尽可以不理不睬，可这位候选人却不能控制自己的情绪，他对此感到非常愤怒，并竭力为自己辩解。

由于按捺不住对这一恶毒谣言的怒火，在以后的每次集会中，他都要站起来极力澄清事实，证明自己的清白。

其实，大部分选民根本没有听到或过多地注意到这件事，但是，现在人们越来越相信有那么一回事了。有人借机反问："如果你真是无辜的，为什么要为自己百般辩解呢？"

如此火上浇油，这位候选人的情绪变得更坏，他声嘶力竭地在各种场合为自己辩解，以此谴责谣言的传播者。此地无银三百两。这更使人们对谣言信以为真。最悲哀的是，连他的太太也开始相信谣言了，夫妻之间的亲密关系消失殆尽。

最后，他在选举中败北，从此一蹶不振。

这位候选人确实不是一位真正的成功者，因为他明显缺乏控制自己情绪的能力，他钻入了牛角尖，过分地关注了那他本不该关注的事，他被别人牵着鼻子走，他的所作所为，正是谣言制造者所想要的，实际上，他被别人控制了。

一个真正的成功者，应该能进退自如地控制自己的情绪，泰然自若地面对各种刁难，最起码，不能轻易上别人的当，被别人所控制。

古代有个尤翁，他开了个典当铺。

有一年年底，他忽然听到门外有喧闹声，就出门查看，原来门外是一位穷邻居。他不解地问自己的伙计怎么回事，站柜台的伙计对尤翁说："他将衣服押了钱，空手来取，不给他，他就破口大骂。有这样不讲理的人吗？"

门外那个穷邻居仍然是气势汹汹，不仅不肯离开，反而坐在当铺门口。

尤翁见此情景，从容地对那个穷邻居说："我明白你的意图，不过是为了过年关。这种小事，值得一争吗？"于是，他让伙计找出那些典当之物，挑出紧要的几件还给穷邻居。

尤翁说："天冷了，先把棉袄拿回去御寒吧。"又拿出一件道袍说："这件给你拜年用。其他的东西不急用，可以先留在这里。"

当天夜里，这个穷邻居在别人家里服毒自杀了。

原来，穷邻居同那家人打了一年多的官司，因为负债过多，不想活了。本想敲诈尤翁一笔，结果尤翁妥当的处理方法使他不忍心加害，于是就转移到了另外一家。

事后有人问尤翁，怎么好像尤翁先知先觉一样。尤翁回答说："凡无理挑衅的人，一定有所依仗。如果在小事上不克制、忍耐，那么灾祸就会立刻到来了。"

故事中的尤翁的确是个情绪控制的高手，他没有傻乎乎地、条件反射般地对别人的挑衅做出过激反应，而是冷静地分析、睿智地判断，依靠智慧轻易化解了一起灾难。

实际上，就算没有尤翁这么聪明，只要懂得控制情绪，就可以化解很多不必要的冲突，就可以架起沟通与理解的桥梁，帮助自己搬开脚下的石头。

有一位顾客从一家食品店里买了一袋食品，打开一看，都发霉了。他怒气冲冲地找到营业员："你们店里卖的是什么东西，都发霉了！你们这不是拿顾客的健康开玩笑吗？"

几位顾客闻声而来。营业员却面带笑容，连声说："对不起，对不起。没有想到食品会坏，是我们工作失误，非常感谢您给我们指出来，您是退钱呢还是换一袋？"面对诚恳的微笑，顾客还能说些什么呢？

反观现在国内外的很多企业，有的甚至是一些大企业，出了质量问题之后却一味地搪塞辩解，不愿诚恳道歉，结果往往弄得鸡飞蛋打，甚至声名狼藉。

能控制情绪就能坦然面对人生挫折。

能很好地控制自己情绪的人，必然经常处在乐观、自信、积极上进等良好的情绪状态，即使遭遇到人生的挫折，他们也能坦然面对，不会因此而怀疑自己的能力。

麦特·毕昂迪是美国知名的游泳选手，1988年代表美国参加奥运会，被认为极有希望继1972年马克·史必兹之后再夺7项金牌。但毕昂迪在第一项200米自由泳比赛中竟屈居第三，第二项100米蝶泳比赛中原本领先，到最后一米硬是被第二名超了过去。

许多人都以为，两度失金将影响毕昂迪的后续表现，没想到他在后5项比赛中竟连连夺冠。对此，宾州大学心理学教授马丁·塞利格曼并不感到意外，因为他在同一年的早些时候，曾为毕昂迪做过乐观影响的实验。

实验方式是在一次游泳表演后，毕昂迪表现得很不错，但教练故意告诉他得分很差，让毕昂迪稍做休息再试一次，结果更加出色。而参与同一实验的其他队友却因此影响了成绩。

由此可见，毕昂迪的成功绝非偶然，因为他善于控制自己的情绪，乐观、自信，不会轻易地被别人的评价所左右，而这种心理素质是在事业上取得成功的人所共有的特质。

相反，不善于控制自己情绪的人，可能会因为一点不如意或小挫折而闷闷不乐，从而在关键时刻难以发挥正常水平，换句话说，这种人就算做出一些成绩，那也有很多侥幸的成分。

莫娜在某届运动会上被公认为夺冠人选，她进场时引起了大家的欢呼，她很高兴地向大家挥手致意。

　　不料，这时她被台阶绊了一下，摔倒了。

　　面对如此多的观众，莫娜感到十分没面子，心里产生一种羞愧的感觉，直到进入比赛，她还没有从羞愧的情绪里走出来。结果，她没有发挥出自己应有的水平，比赛成绩远远落在其他队员的后面。

　　像莫娜这种对小挫折耿耿于怀的人，即使取得了好成绩，那也是她运气好，那也是侥幸成功，因为她还没学会坦然面对挫折，她还没学会控制自己的情绪。

　　善于控制和调节情绪的人，能够在不良情绪产生时及时消灭它、化解它，从而最大限度地减轻不良情绪的影响。

良好的情绪
源于正确的思考

良好的情绪是事业成功和生活快乐的基础,而正确地思考则是良好情绪的基础。因此要想获得事业成功和生活快乐,就要控制你的情绪,而要控制你的情绪就要先控制你的思考。遗憾的是,很多人一生都没有学会正确地思考,所以只能让情绪控制自己,而不是由自己控制情绪。

每个人都拥有无穷无尽的潜能,只要你愿意努力,只要你愿意学习,任何人都可以学会正确地思考问题,轻松地选择成功者所应具备的情绪和状态,从而激发自己的潜能,使自己的生命焕发出绚丽的光彩。

"塞翁失马"的故事里那位聪明的边塞老人不因大家所认为的坏事而悲伤,不因大家所认为的好事而狂喜,始终保持心灵的平静,无疑是一位能正确思考问题的智者。智者由于能正确地思考,所以才能始终保持心灵的平静,而愚者则条件反射般的一会儿因失马而悲,一会儿因得马而喜,心中始终难以平静。

在匆忙和躁动不安的生活中，在芸芸众生都在为生存而激烈竞争、不断争斗的时候，我们仍可以看到一些有条不紊、从容不迫的人，他们像日月的运行那样坚定地迈向自己的目标。他们给我们一种力量，一种平静的感受和一份自信。他们知道如何正确地思考，他们懂得自信、快乐和心灵平静的秘密。

这种超常的自我控制能力能使一个人最大限度地发挥他的力量——精神的力量。自我情绪控制是迈向成功的第一步，且每个人都可以获得这种能力。

很多人因为不能正确地思考，所以整天被恐惧、忧虑、愤怒、怨恨等负面情绪所控制，这样不但会一生一事无成，而且整个生命过程也被弄得混乱不堪，在给别人带去痛苦的同时，自己的一生也都在吞咽思维混乱的苦果。

学会正确地思考，使自己能随时随地进入乐观、自信、进取、从容的情绪状态之中，从而带来事业的成功和快乐而美好的人生。学会正确地思考，不要再让自我毁灭的情绪占据我们的心灵，哪怕是一时一刻。

假如一个人能自由掌控自己的情绪，能瞬间抛弃负面情绪，迅速将自己调整到一个生活和事业的成功者所需要的良好心境之中，那么这个人肯定前途不可限量，想不成功都难。

现实生活中，不管是亿万富翁还是街头乞丐，不管是帝王将相还是平民百姓，不管是红得发紫的明星还是广大的影迷、歌迷、球迷，每个人都会受到情绪问题的困扰，每个人都需要学习控制自己的情绪。情绪控制能力好的人能很快走出负面情绪的阴影，而无法控制自己情绪的人则会成为负面情绪的俘虏，甚至会造成心理疾病。诺贝尔文学奖获得者海明威、川端康成，著名影星玛丽莲·梦露、张国荣、中国台湾著名作家三毛，他们都选择了以自杀结束生命。假如他们能学习到自我情绪控制、自我心态调整的方法，或许这样的悲剧就可以避免。

正确疏导自己的愤怒

生活的每一天并不会时时受到那些繁杂的琐事所困扰，但一定会因一些烦琐的小事而影响心情。轻易击垮人们的并不是那些看似灭顶之灾的挑战，往往是那些微不足道的极细微的小事，它左右了人们的思想，改变了原来的意志，最终让大部分人一生一事无成。

愤怒在某些情况下是一种自然的反应，但并不是在每一种情况中都要如此反应。我们所处的社会是靠彼此的合作和帮助才得以维持的。我们必须经常控制某些直觉的情感。重要的是，我们要承认别人与自己都有情绪存在——但是我们不能拿它当借口，每次有什么感觉，就毫无考虑地发泄出来，这样做只是徒劳，有时还会得不偿失，没有任何意义。

一位刚毕业的大学生，花费了很大精力找到了一个海上油田钻井队的对口工作。在海上工作的第一天，领班要求他在限定的时间内登上几十米高的钻井架，把一个包装好的漂亮盒子送到最顶层的主管手里。他拿着盒子快步登上高高的狭窄的舷梯，气喘吁吁、满头是汗地登上顶层，把盒子交给主管。主管只在上面签下自己的名字，就让他送回去。他又快跑下舷梯，把盒子交给领班，领班也同样在上面签下自己的名字，让他再送给主管。

他看了看领班，犹豫了一下，又转身登上舷梯。当他第二次登上顶层把盒子交给主管时，浑身是汗，两腿发颤，主管却和上次一样，在盒子上签下名字，让他把盒子再送回去。他擦擦脸上的汗水，转身走向舷梯，把盒子送下来，领班签完字，让他再送上去时他有些愤怒了，他看看领班平静的脸，尽力忍着不发作，又拿起盒子艰难地一个台阶一个台阶地往上爬。当他上到最顶层时，浑身上下都湿透了，他第三次把盒子递给主管，主管看着他，傲慢地说："把盒子打开。"他撕开外面的包装纸，打开盒子，里面是两个玻璃罐，一罐咖啡，一罐咖啡伴侣。他愤怒地抬起头，双眼喷着怒火射向主管。主管又对他说："把咖啡冲上。"年轻人再也忍不住了，"啪！"他一下把盒子扔在地上，"我不干了！"说完，他看着扔在地上的盒子，感到心里痛快了许多，刚才的愤怒全释放了出来。这时，这位傲慢的主管站起身来，直视他说："刚才让您做的这些，叫作极限训练，因为我们在海上作业，随时会遇到危险，所以要求队员身上一定要有极强的承受力，承受各种危险的考验，才能完成海上作业任务。可惜，前面三次你都通过了，只差最后一点点，你没有喝到自己冲的甜咖啡。现在，你可以走了。"

有时，你的愤怒情绪将会阻止你干不好事情。成大事者是不会被愤怒情绪所左右的。在关键时刻不能让你的怒火左右情感，不然你会为此付出惨痛的代价。在现实生活中，也不乏因盛怒而身亡者。俗话说："一碗饭填不饱肚子，一口气能把人撑死。"人因怒而死亡的事屡见不鲜。承受痛苦压抑了人性本身的快乐，但是成功往往就是在你承受常人承受不了的痛苦之后，才会在某个方面有所突破，实现最初的梦想。可惜，许多时候，我们总是差那一点点，因为一点点的不顺而怒火中烧，这也正是很多年轻人的缺陷，正如上例，一点小事都承受不了，最后的结果只能是丢了自己的第一份工作。

"人生一世，草木一春"，短短的几十年人生，何不让自己活得快活一点，潇洒一点，何必整天为一些鸡毛蒜皮的小事生闲气呢？如果遇到中伤或误解的事，气量大一点，装装糊涂，别人生气我不气，一场是非之争就会在不知不觉中消失，你也落得潇洒，而等到最终水落石出，人家还会更加敬重你这个人。

宋朝初年一位名叫高防的名将，他的父亲战死沙场，他16岁时被澶州防御使张从恩收养，后来做了军中的判官。有一次，一个名叫段洪进的军校偷了公家的木头打家具，被人抓获。张从恩见有人在军队偷盗公物，不觉大怒。为严肃军纪，下令要处死段洪进以警众人。在情急之时为了活命的段洪进编造谎言，说是高防让他干的。本来这点事也不至于犯死罪，张从恩对其的处理有些过头，高防是准备为其说情减罪的，但现在自己已被他牵连进去，失去了说话的机会，还让自己蒙上不白之冤，能不气吗？但转念一想，军校出此下策也是出于无奈，想到凭自己与张从恩的私交，应承下来虽然自己名誉受损，但能救下军校的性命也是值得的。所以张从恩问高防是否属实，高防就屈认了，结果军校段洪进果然免于一死，可张从恩从此不再信任高防，并把高防打发回家。高防也不做任何解释，便辞别恩人独自离开了。直到年底，张从恩的下属彻底查清了事情真相，才明白高防是为了救段洪进一命，代人受过。从此张从恩更信任高防，又专程派人把他请回军营任职。云开雾散之后，高防不但没有丧失自己的生存空间，而且获得了更多人的尊重。

现实生活中，让人生气的事是随时可能发生的，但作为一个有头脑的冷静的人，为了更好地、安宁地生活和工作，理智地处理各种不愉快，就需要控制愤怒，如果不忍，任意地放纵自己的感情，首先伤害的是自己。 如对方是你的对手、仇人，有意气你、激你，你不忍气制怒，保持头脑清醒，就容易被人牵着鼻子走，中了人家的计，到头来弄个得不偿失的下场，比如三国时的周瑜就是一例。 所以孔子云："一朝之忿，忘其身以及其亲，非惑与？"言下之意即因一时气愤不过，就胡作非为起来，这样做显然是很愚蠢的。 愤怒，体现的是理性的不健全。愤怒到极限时，最容易导致理性的丧失，说出本来不该说的话，做出本来不该做的事。所以要学会控制自己的情绪，不要轻易发怒。

如果你是一个易于愤怒却不善于控制的人，建议你不妨设立一本愤怒日记，记下你每天的愤怒情况，并在每周做一个小总结。这样，就会使你认识到：什么事情经常引起你的愤怒，了解处理愤怒的合适方法，从而使你逐渐学会正确地疏导自己的愤怒。

处理好
自己的烦躁情绪

　　一位商业助理满怀忧愁回到家中，整个工作日她一直忙乱、苦恼、充满攻击性，并且随时准备发怒。当她这样停止工作回到家里时，也就带回了残余的攻击心、困顿、匆忙与忧虑。对于丈夫和家里人，她特别容易发怒。虽然在家里绝不可能解决工作中的问题，但她还是一直想着办公室里的事。

　　情绪的紊乱会造成失眠。很多人休息的时候都带着未解决的难题上床，他们在心理和情绪上仍然想要处理事情，而这时却又是最不适宜做事的。

　　白天我们需要各种不同的情绪和心理。与老板、顾客交谈时，你需要不同的心情，在你和生气的或爱发脾气的顾客交谈之后，你必须调整一下自己的心情，才能和下一个顾客交谈。否则，一种情况里的情绪搅和在另一种情况里，是不适于处理其他问题的。

　　　一个大公司发现他们的一个助理莫名其妙地以粗野、

生气的口气接电话。这个电话恰巧是打到公司正在举行的一个重要会议上的，那时这位助理正处在困境和敌意之中。不用说，她那生气与敌意的如棒槌击打一般的口气使打来电话的人吃了一惊，公司的人对这位助理的行为火冒三丈。当然，也给她自己带来了麻烦。针对这件事，这家公司规定：以后所有的助理在接电话以前，必须先暂停5秒钟，并且要微笑一下。

情绪的紊乱还会引起意外事件。追查意外事件起因的保险公司及其代理人发现，很多车祸的发生都是由于情绪的紊乱。如果一个司机和他的妻子或者老板发生了口角，如果他在某些事上遭到了挫折而离开，那他很可能会发生车祸。他把不适当的情绪搅和在驾驶上，他并不是在生其他司机的气，而好像是刚从梦中醒来，而梦中的他正在生着很大的气。他自己也知道发生在他身上的已经过去，可他还在生着气。事情不过就是如此而已。

恐惧和生气一样，也有类似的情绪紊乱作用。关于这一点，你应该了解一种真正有益的事情，就是友善、安宁、平静以及镇定。正如我们说过的，在完全轻松、安静、泰然的状态下，一个人不可能感到恐惧和愤怒，也不可能感到焦急不安。因此，你不妨时时清理情绪，这样可以去掉以前的坏情绪，同时，使镇定、平静、安宁的情绪融合到你马上要参加的一切活动中。

这样做的效果是显而易见的。

还有一种不合适的反应会引起烦恼、不安与紧张，那便是对不存在的东西进行情绪反应的坏习惯。这种东西,只是存在于你的想象之中。

我们许多人不会对实际环境中的小刺激做过分的反应,而却在想象中虚构出稻草人,并且在自己的心理图像里做情绪的反应。老是想:也许会发生这种情况,要不就是那种情况,要是发生了我该怎么办呢?自找麻烦却不自知。飞行跳伞教练发现,那些在舱门处停留太久的人,往往再也不敢跳下去了,因为他们已被自己过于丰富的想象吓坏了!你要知道:你的神经系统无法分辨出真正的经历或想象出来的经历。

就你的情绪来说,对忧虑图像的适当反应就是完全不去理睬它。在情绪上,你要分析你的环境,认识那些存在于环境里的真实物,然后自然地进行反应。为了要做到这一点,你必须全心全意地关注现在所发生的事,要全神贯注。这样你的反应一定是恰当的,而对于虚构的环境,你就不会有时间去注意了。

不要
拿别人出气

老板毕先生对公司的事务不满意。他举行了一次集会并在会上说:"同人们,现在我们必须组织起来,你们有人上班迟到,有人下班早退,甚至没有对工作的神圣责任感。现在,我以公司董事长的身份重整一切。从现在开始,如果每个人都能好好处理工作,并尽最大的努力,就会有一个很有前途的公司出现。"

像许多人一样,毕先生的意图是好的,但是几天以后在乡村俱乐部的一次午餐中,他看报看得太入迷了,以致忘了时间。等他意识到时,大为吃惊,几乎把咖啡杯摔掉。他叫道:"啊!我的天!我非得在10分钟内赶回办公室不可。"他跳起来,冲到停车场,迅速跳进汽车内把车开走。他在公路上将车开得几乎飞了起来,因而被交通警察开了超速开车的罚单。

毕先生真是愤怒到了极点。他对自己抱怨说:"今天真是活该有事。我是一位善良、守法的公民,这个警察居然跑来给我一张罚单。他该做的是去抓罪犯、小偷与强盗，不应当找纳税公民的麻烦。我汽车开得快并不表示不安全。真是可笑！"

他到办公室时，为了转移别人的注意力，就把销售经理叫进来会谈。他很生气地问一件销售案是否已经定案了。销售经理说："毕先生，我不知道在哪儿出了什么差错，我们丧失了这笔生意。"

现在，你就可以想象毕先生是多么烦乱了。他愤怒地对销售经理喊道："你不知道吗？我已经付你18年薪水了！现在我们终于有一次机会做大生意，它能使我们扩大生产线，而你到底做了什么呢？你把它弄吹了。让我告诉你，你最好把这笔生意争回来，否则我就开除你。你在这里待了18年，并不表示你有终生雇用合同。"啊，他真是太烦乱了。

再看看这位销售经理的情形吧。他走出毕先生的办公室，气急败坏地抱怨说："真是没事找事。18年来我一直为公司卖力，我负责拉所有的生意，公司靠我才经营下去。毕先生是一个傀儡，公司少了我就会停顿。现在仅仅因为我失去一笔生意，他就恐吓要开除我。岂有此理！"

销售经理嘴里仍然嘀咕不停。他把秘书叫进来问："今天早上我给你的那五封信打好了没有？"她回答说："没有。难道你忘了，你告诉我希拉的客户服务第一优先吗？所以我一直在做那件事。"销售经理冒火起来说："不要找任何卑鄙的借口。"他指责道，"我告诉你，我要这些信件赶快打好，如果你办不到，我就交给其他人去做。你在这里待了7年并不表示你有终生雇用合同。这些信今天要寄出去，不得有误。"啊，他也变得烦乱了。

请继续看这位秘书的情形。她用力关上销售经理办公室的门，并抱怨说："真是烦透了。7年来我一直尽力做好这份工作，几百小时的超时工作却从未有一分加班费，我比其他三个人做得更多，我使公司的人团结在一起。现在就因为我无法同时做两件事情，他就恐吓要开除我。岂有此理！"

她走到接线生那里说："我有一些信件要你帮忙。我知道这并不是你分内的工作，但你除了坐在那里偶尔听听电话以外，并没有做什么事。这是急事，我要这些信件今天就寄出去。如果你无法办到，最好让我知道，我会叫别人做。"啊，她也变得烦乱了。

请再看接线生的情形吧。她大发脾气。"这真是从何说起？"她说，"我是这里最努力的职员，且待遇最低，我要同时做4件事，每次他们进度落后时，总要找我帮忙，真是不公平。要我帮忙还用这种态度，真是开玩笑！如果没有我，公司的事情早就停顿了。再说他们也没有办法用两倍的薪水找到任何人来接替我的工作。"她把信件打出来了，但是她做的时候心里很不是滋味。

她回到家时仍在发怒。进了屋子，她猛地关上门，并直接进入孩子的小房间。她看到的第一件事情是，她12岁的儿子正躺在地板上看电视，第二件事情是他的短裤破了一个大洞。在极度愤怒之下她说："我告诉你多少次放学回家后要换上你的游戏服。我供养你,送你到学校念书,还要做全部的家务,已经被折磨得要死。现在你必须到楼上去。今天你的晚饭就别吃了,以后三个星期不准看电视。"啊,她也变得烦乱了。

现在,再看看她12岁的儿子的表现。他走出小房间说:"真是莫名其妙。我正在替她做一些事情,但是她不给我机会解释到底发生了什么事。"大约就在这时候,他的猫走到前面。小孩重重地踢了它一脚,并说:"你给我滚出去!你这臭猫。"

显然,猫可能是这一连串事件中唯一无权改变事件的对象,这使我们想起一个简单的问题:毕先生为什么不干脆直接从乡村俱乐部走到接线生家里去踢那只猫?

让我们看看各种情况的一系列反应吧。你对幽默有什么反应?对微笑有什么反应?对你赞许的人有何表示?当你做成一笔生意或人们对你有礼貌时,你有什么反应?对一个美丽的女子,或一位很有礼貌的侍者,你有何反应?我敢打赌你会高兴,报以微笑,并且有礼貌;我敢打赌你会感谢所有这些事情,它们会使你成为一位友善的人。你明白,任何人在这些情况下都会做出合理的反应。

当某人冒犯你时,你是否会立刻反唇相讥呢?当身后的汽车司机猛按喇叭,而此时交通堵塞,两边车辆大排长龙,你该怎么办?你是否会走下汽车,板起面孔,拳头相向呢?当你的太太或丈夫向你发泄不满时,你会有什么反应呢?

你对消极事物的反应,大体上决定了你生命的成功和快乐与否。

　　大街上的游民、社区领导者、学生、百万富翁与模范母亲，在许多方面都相同，每一个人都会面临挫折、痛心、失望、沮丧与失败。成就不同是因为对生活的消极面反应不同而产生的必然结果。一般人的反应是说出"可怜我"，并借酒消愁。成功的人碰到相同或更大的问题时却有积极的反应，寻求问题好的一面，结果变得更坚强、更成功。我们无法预知生活的各种情况，但是我们能以态度来适应它，这就是态度控制。

　　在许多情况下，有人冒犯你时，你会了解到那是有人踢了他的"猫"的缘故。你要知道它跟你并不相干。更重要的是你要学习如何对消极的事物做出积极的反应。

　　下次有人冒犯你的时候，你要笑着说："哦，今天是否有人踢了你的猫？"如果你能这样，就可以推广运用，但最好稍加变化。当生人或不怎么熟的人毫无理由地发牢骚（你是无辜的）时，要笑着对他说："我有一个特别的问题要问你，今天是不是有人踢了你的猫？"这会带来不同的反映，但是记住此时你稳操胜券了。这意味着你已能对消极的事情做出积极的反应了，并且能以愉快的态度去面对不愉快的事情。你也许会觉得其他人并不值得你如此和善地对待他们，你可能是对的，但是做出积极的反应对你是最好的。

悔悟与自责
也应适可而止

在这个世界上,谁都难免会犯错误,即使是四条腿的大象,也有摔跤的时候。人要想不犯错误,除非他什么事也不做,而这恰好是他最基本的错误。

反省是一种美德。对自己所做的错事,知道悔悟和责备自己,这是敦品励行的原动力。不反省不会知道自己的缺点和过失,不悔悟就无从改进。但是,这种因悔悟而对自己的责备应该适可而止。在你已经知错、决定下次不再犯的时候,就是停止后悔的最好时候。然后,你就应该摆脱这悔恨的纠缠,使自己静下心去做别的事。如果这悔恨的心情一直无法摆脱,而你一直苛责自己,懊恼不止,那发展下去,就可能形成一种病态了。

你不能让病态的心情持续,如果任其发展下去,就会使精神遭受太多的折磨。

所以,当你知道悔恨与过分自责的时候,要相信自己能够控制自己。告诉自己:"赶快停止对自己的苛责,因为这是一种病态。"为避免病态的进一步加深，要尽量使自己摆脱它的困扰。这种自我控制的力量是否能够发挥，决定一个人的精神是否健全。

人人都可能做错事。做了错事而不知悔改，那是坏人；知道悔改，即为好人。所谓放下屠刀，立地成佛。过去的既已无可挽回，那么只有以后坚决行善即可以补偿。

每个人都有缺点，这是我们要受教育的缘由之一。教育使我们有能力认识自己的缺点并加以改正，这就是进步。在随时发现自己的缺点并随时改正之外，更要注意建立自己的自信，相信自己的自尊。

有人一旦犯了一点小小的错误，就觉得自己样样不如人，因为自责而产生自卑，由于自卑，而更容易受到打击，经不起小小的挫折，受到外界一点点的轻侮，都会痛苦不已。

一个人缺少了自信，就容易对所处的环境产生怀疑与戒备，即所谓"天下本无事，庸人自扰之"。

面对这种"无事自扰"的心境，最好的方法是加强自己各方面的修养，勤于做事，使自己因有进步而增加自信，因工作有成绩而增加对前途的希望，不再对以前做无益的回顾。

进德与修业，都能建立一个人的自信心和荣誉感，这样对自己偶尔的小错误、小疏忽，就不致过分苛责，更易于从悔恨中发挥积极的力量。

自尊心人人都有，但没有自信作基础，就会使人变为偏激狂傲或神经过敏，以致对环境产生敌视与不合作的态度。

要满足自尊心,只有多充实自己,使自己减少"不如人"的可能性,而增加对自己的信心。

做好人的愿望当然值得鼓励,但不必"好"到一切都迁就别人,凡事委屈自己。更不能希望自己好到没有一丝缺点,而一旦发现缺点就拼命"修理"自己。一个健全的好人应该是该做就做、想说就说。如果自己偶有过失,也能潇潇洒洒地承认:"这次错了,下次改过就是。"不必把一个污点放大为全身的不是。